情商,决定命运的最关键因素。

情商比智商在更大程度上决定着一个人的爱情、婚姻、学习、工作、人际关系以及整个事业。

EQ Is The Key Of Success Or Failure

情商
决定命运

胡宝林　主编

光明日报出版社

图书在版编目（CIP）数据

情商决定命运 / 胡宝林主编 . -- 北京：光明日报出版社，2012.1（2025.1 重印）
ISBN 978-7-5112-1892-6

Ⅰ. ①情… Ⅱ. ①胡… Ⅲ. ①情商—通俗读物 Ⅳ. ① B842.6-49

中国国家版本馆 CIP 数据核字 (2011) 第 225296 号

情商决定命运

QINGSHANG JUEDING MINGYUN

主　　编：胡宝林	
责任编辑：李　娟	责任校对：石　桥
封面设计：玥婷设计	封面印制：曹　净

出版发行：光明日报出版社
地　　址：北京市西城区永安路 106 号，100050
电　　话：010-63169890（咨询），010-63131930（邮购）
传　　真：010-63131930
网　　址：http://book.gmw.cn
E－mail：gmrbcbs@gmw.cn
法律顾问：北京市兰台律师事务所龚柳方律师
印　　刷：三河市嵩川印刷有限公司
装　　订：三河市嵩川印刷有限公司
本书如有破损、缺页、装订错误，请与本社联系调换，电话：010-63131930

开　　本：	170mm×240mm		
字　　数：	205 千字	印　张：15	
版　　次：	2012 年 1 月第 1 版	印　次：2025 年 1 月第 4 次印刷	
书　　号：	ISBN 978-7-5112-1892-6		
定　　价：	49.80 元		

版权所有　翻印必究

前言 >>

"成功"这个词语我们每个人都很熟悉,但究竟什么是成功,绝大多数人并不清楚,因为能真正体验到成功的人还是凤毛麟角的。

究竟什么是成功?是财富、地位吗?相信每个人的心中都会有一个专属于自己的"成功"梦。人们在日夜孜孜以求成功的时候,不禁也产生了这样的疑问:到底什么样的因素是导致一个人成败的关键?

许多年以前,人们曾一度以为智商是决定命运的因素,智商的发现是人类的巨大进步,它把影响人们成败的因素更加具体化与科学化了。但很快人们就发现了许多高智商者的悲剧:其中一些拥有超高智商的人做出了许多令人费解的事,比如杀人、抢劫等犯罪行为;也有一些被誉为"天才"的儿童,长大后却碌碌无为……这些"悲剧"不禁让人们对于"智商决定论"产生怀疑。在这种困惑的背景之下,情商的概念横空出世,它的出现引起世界范围内的讨论,影响涉及全球。

情商(EQ)是 Emotional Quotient 的简称,翻译过来就是情绪智慧的意思。

情商这个概念首先是由美国耶鲁大学教授彼得·沙洛维和新罕布什尔大学教授约翰·梅耶于1990年提出的。1995年10月,美国《纽约时报》专栏作家丹尼尔·戈尔曼出版了《情感智商》一书,把情商这一研究新成果介绍给大众,该书迅速成为世界性的畅销书。一时间,"情感智商"这一概念在世界各地得到广泛的传播。

简单来说,情感智商是自我管理情绪的能力。和智商一样,情商是一个抽象的概念，是一个度量情绪能力的指标。

戈尔曼在他的书中明确指出，情商不同于智商，它不是天生注定的，它主要由下列5种能力组成。

（1）了解自己情绪的能力。能立刻察觉自己的情绪，了解情绪产生的原因。

（2）控制自己情绪的能力。能够安抚自己，摆脱强烈的焦虑忧郁以及控制刺激情绪的根源。

（3）激励自己的能力。能够调整情绪，让自己朝着一定的目标努力，增强注意力与创造力。

（4）了解别人情绪的能力。理解别人的感觉，察觉别人的真正需要，具有同情心。

（5）维系融洽人际关系的能力。能够理解并适应别人的情绪。

心理学家认为，这些情绪特征是生活的动力，可以让智商发挥更大的效应。所以，情商是影响个人健康、情感、人生成功及人际关系的重要因素。

关于情商的重要性，各方面的专家学者都发表了自己的见解。丹尼尔·戈尔曼认为："仅有IQ是不够的，我们应用EQ来教育下一代，帮助他们发挥与生俱来的潜能。"EQ的创始人沙洛维博士和梅耶博士说："EQ已成为20世纪最重要的心理学研究成果。"

如果说智商来自于遗传，即先天既定的因素，那么情商则是来自心灵深处的力量，可以后天培养。

"智商决定论"容易让人们陷入一种被动的、宿命论的境况，而情商则不同，我们可以用这种情绪的智慧来主宰我们的命运。心理学家霍华·嘉纳说："一个人最后在社会上占据什么位置，绝大部分取决于非智力因素。"

关于情商和智商对于人们成功的影响，在西方一直流传着这么一句话："智商（IQ）决定录用，情商（EQ）决定提升。"

目录

第1章 情商是什么

第1节 发现情商……………………………………1
感知情商 ………………………………… 1
情商是一门人生艺术 …………………… 3

第2节 情商的内容…………………………………5
自我认知的能力 ………………………… 5
控制自我情绪的能力 …………………… 7
自我激励的能力 ………………………… 10
识别他人情绪的能力 …………………… 12
人际交往的能力 ………………………… 14

第3节 情商的价值…………………………………16
成功80%的决定因素来自情商 ………… 16
超越智商 ………………………………… 19
卓越从情商开始 ………………………… 21

第2章 认识自我：打造品质生活的基础

第1节 主动自我认知………………………………23
坦然面对自己的缺陷 …………………… 23
接受不完美的自我 ……………………… 25

第 2 节　自我认知的途径……………………… 28
　　反省助你破译自我魔镜 ……………………… 28
　　从他人的眼中看自己 ………………………… 30
　　另一个旁观的自我 …………………………… 32

35　第 3 章　管理自我：掌握自己的命运之舵

第 1 节　控制自我的必要……………………… 35
　　情绪是种"传染病" …………………………… 35
　　情绪化将扼杀你的幸福 ……………………… 38
　　控制自我是能力的体现 ……………………… 40

第 2 节　管理自我情绪的方法………………… 42
　　学会制怒 ……………………………………… 42
　　克制冲动 ……………………………………… 45
　　告别忧郁 ……………………………………… 48
　　拒绝自卑 ……………………………………… 49
　　不再恐惧 ……………………………………… 51

53　第 4 章　逆境情商：通向光明的指示灯

第 1 节　你必须具备的逆商…………………… 53
　　人生之路不会一帆风顺 ……………………… 53
　　决定成败的是面对困境的心态 ……………… 56
　　挫折不等于失败 ……………………………… 58

第 2 节　走出逆境的荒漠……………………… 59
　　坚毅才能走出困境 …………………………… 59

　　　　信念在挫折中发光 …………………………………… 61
　　　　身处逆境不妥协 …………………………………… 63
　　　　以冷静赢得一切 …………………………………… 65

第 5 章　自我激励：把握人生机遇的关键点

第 1 节　自我激励的作用 ………………………………… 68
　　　　自我激励就是给自己一个希望 …………………… 68
　　　　为我们自己喝彩 …………………………………… 70
　　　　做最好的自己 ……………………………………… 72

第 2 节　为自己的人生绘上夺目的色彩 ………………… 73
　　　　生命因为有梦想而丰满 …………………………… 73
　　　　热忱是追求成功人生的不竭动力 ………………… 76
　　　　执着于你的信念 …………………………………… 77
　　　　机遇每天都会降临 ………………………………… 79

第 6 章　识别他人：利用他人情绪管理他人

第 1 节　识别他人情绪的意义 …………………………… 82
　　　　知彼方能影响他人 ………………………………… 82
　　　　角色转换与情绪表现 ……………………………… 84

第 2 节　识人有术 ………………………………………… 87
　　　　听得懂"弦外之音" ……………………………… 87
　　　　"阅读"他人的眼睛 ……………………………… 89
　　　　穿衣识人 …………………………………………… 91

第7章 人际关系：用情商拓展人脉 ... 93

第1节 人际关系决定你的成功指数 ... 93
好人缘易产生幸福感 ... 93
人际关系佳者更接近成功 ... 95

第2节 营造和谐人际关系的策略 ... 98
记住他人的名字 ... 98
维护他人的自尊心 ... 101
信守你的诺言 ... 104
亲和力是种难得的魅力 ... 108
冷漠是人际交往的天敌 ... 111
谦虚赢得尊重 ... 113
把微笑传递给每个人 ... 117
宽容是最大的美德 ... 120
真诚的力量 ... 123
热情融化冰雪 ... 126

第8章 团队情商：在和谐中共赢 ... 129

第1节 生存必需的团队情商 ... 129
单位不要罗宾汉 ... 129
合作才能共赢 ... 131

第2节 智慧情商带来高效团队 ... 133
用幽默化解冲突 ... 133
机智平息事端 ... 136
失言之后巧解围 ... 138

第3节　做一个受同事喜爱的人 …………… **140**
- 欣赏并认可你的同事 …………………… 140
- 信任架起沟通的桥梁 …………………… 142
- 不搞小团体 ……………………………… 145
- 弯曲是一种境界 ………………………… 147
- 真心关心你的同事 ……………………… 150

153　第9章　情商与影响力

第1节　情商是巨大的影响力 …………… **153**
- 情商决定你的命运 ……………………… 153
- 高情商的人能更好地面对困境 ………… 155
- 高情商的人才能更受欢迎 ……………… 158

第2节　卓越情商成就卓越人生 ………… **160**
- 自知之明可避过祸害 …………………… 160
- 靠出色的自制能力成就自己 …………… 162
- 用自我激励走出失败的影响 …………… 165

167　第10章　情商修炼：成功人生的必修课

第1节　儿童情商的培养 ………………… **167**
- 情商教育决定孩子的未来 ……………… 167
- 用鼓励培养自信 ………………………… 170
- 培养坚毅品格 …………………………… 172

第2节　工作情商的培养 ………………… **174**
- 情商高的人工作易于成功 ……………… 174

　　　　　　　　工作中善于控制自己的情绪⋯⋯⋯⋯⋯⋯⋯⋯ 177
　　　　　　　　成功管理你的上级⋯⋯⋯⋯⋯⋯⋯⋯⋯⋯⋯ 179

　　　第3节　情爱情商的培养⋯⋯⋯⋯⋯⋯⋯⋯⋯⋯⋯ 180
　　　　　　　　爱要用沟通来表达⋯⋯⋯⋯⋯⋯⋯⋯⋯⋯⋯ 180
　　　　　　　　理解对方的角色转换⋯⋯⋯⋯⋯⋯⋯⋯⋯⋯ 183
　　　　　　　　换位思考⋯⋯⋯⋯⋯⋯⋯⋯⋯⋯⋯⋯⋯⋯⋯ 185
　　　　　　　　营造轻松的二人世界⋯⋯⋯⋯⋯⋯⋯⋯⋯⋯ 186

188　第11章　测测你的情商：看看你的情商有多高

　　　第1节　情商测试的方法⋯⋯⋯⋯⋯⋯⋯⋯⋯⋯⋯ 188
　　　第2节　情感识别能力测试⋯⋯⋯⋯⋯⋯⋯⋯⋯⋯ 190
　　　　　　　　识别情感状态⋯⋯⋯⋯⋯⋯⋯⋯⋯⋯⋯⋯⋯ 190
　　　　　　　　　测试一：识别自身情感状态的能力（自陈测试）⋯⋯195
　　　　　　　　　测试二：识别他人情感状态的能力（多评估者测试）⋯⋯196

　　　第3节　情感理解能力测试⋯⋯⋯⋯⋯⋯⋯⋯⋯⋯ 197
　　　　　　　　理解情感状态⋯⋯⋯⋯⋯⋯⋯⋯⋯⋯⋯⋯⋯ 197
　　　　　　　　　测试三：理解你自身情感起因的能力（自陈测试）⋯⋯202
　　　　　　　　　测试四：理解他人情感起因的能力（多评估者测试）⋯203
　　　　　　　　　测试五：理解你自身情感结果的能力（自陈测试）⋯⋯204
　　　　　　　　　测试六：理解他人情感结果的能力（自陈测试）⋯⋯205
　　　　　　　　　测试七：理解他人情感结果的能力（多评估者测试）⋯206

　　　第4节　情感调节和控制能力测试⋯⋯⋯⋯⋯⋯⋯ 207
　　　　　　　　调节和控制情感⋯⋯⋯⋯⋯⋯⋯⋯⋯⋯⋯⋯ 207
　　　　　　　　　测试八：调节自身情感的能力（自陈测试）⋯⋯⋯ 213
　　　　　　　　　测试九：调节他人情感的能力（自陈测试）⋯⋯⋯ 214

　　　　测试十：调节他人情感的能力（实践行为测试） … 215

第5节　情感运用能力测试……………………217
　　有效地运用情感……………………………………… 217
　　测试十一：运用自身情感的能力（自陈测试）……… 224
　　测试十二：运用他人情感的能力（多评估者测试）… 225

第 1 章

情商是什么

第 1 节 发现情商

◆ **感知情商**

1990年,一个心理学概念的提出在世界范围内掀起了一场人类智能的革命,并引起了人们旷日持久的讨论,这就是美国心理学家彼得·塞拉维和约翰·梅耶提出的情商概念。紧跟其后,1995年10月美国《纽约时报》的专栏作家丹尼尔·戈尔曼出版了《情感智商》一书,把情感智商这一研究成果介绍给大众,该书也迅速成为世界范围内的畅销书。随着人类对自身能力认识的深入,越来越多的人认识到在激烈的现代竞争中,情商的高低已经成了人生成败的关键。作为情商知识的受益者,美国总统布什说:"你能调动情绪,就能调动一切!"

那么情商究竟是什么?

情商是 Emotional Quotient 的缩写,翻译过来就是情绪智慧。但这样的答案显然过于简略，要想更深入地认识情商，就有必要了解情商与智商的关系，因为在某种程度上，情商概念是作为智商的对立面提出的。

长期以来，人们将智商视为人生成败的决定因素，并将它作为衡量个人能力的主要指标。近百年间，研究者设计出五花八门的智商测试方法，接受各种测试的人也数以亿计。尽管研究规模如此巨大，耗时如此之长，但还是有不少人提出了疑问：智商高的人真的比普通人能力更强吗？

长久以来，不知有多少圣贤哲人一次又一次地幻想和构建着人类生存智慧的理想模式，又不知有多少宿学硕儒在理想与现实的冲突中为寻求一条平衡木而困惑烦恼。人们除惊羡一些伟人的成就外，也开始研究他们凭什么成功，是不是伟人都是天赋禀异的人物呢？或者换个说法，是否只要有天生的聪明，就能够取得卓越的成就呢？

众多实例和实验证明：高智商者不一定取得成功，智力商数的高低与一个人成就的必然联系一再受到质疑。

有一个叫威廉·宾德的人，自一出世，他父亲就采用各种手段开发其智力，3岁时就能用本国语言自由阅读和书写，4岁写出了3篇500字的文章，6岁写了一篇解剖学论文。小学入学的当天上午被编入一年级，中午母亲去接他时，他已经是三年级的学生了。8岁上中学，11岁进入哈佛大学。由此可以看出，宾德的脑子足够聪明，智商不可谓不高。但他后来离家出走，在一家商店当店员，一生碌碌无为。类似的例子不胜枚举，为了寻找到答案，人们开始关注情商。

在这种情况下，情商伴随着心理学家的研究问世了。早期在心理学界不被重视的情绪、情感等非智力因素被认为是决定人是否成功的重要因素。

情感智商是对传统智力概念的革命性构建，它涉及人的稳定性、乐群性、兴奋性、有恒性、敢为性、敏感性、怀疑性、幻想性、世故性、忧虑性、独立性、自律性、紧张性等方面，是对生命内在力量的尝试性把握和描述。

智商曾一度统治过成功学的领域，人们在感慨谁智商高谁就能成功的同时，不禁有些迷茫。原因在于发生在我们身边的一个个高智商神话的破灭。细心的人们应该还能够回忆起类似于清华大学高才生刘海洋泼熊的事件，不绝于耳畔的许多国内高等学府的学生因不堪各种压力跳楼自杀，因一点小事而愤然用刀砍死同学的……太多的天之骄子的言行让人们震惊之余开始寻找问题背后深层的原因。

难道是这些学生不足够聪明？还是他们不能意识到问题过后的严肃性结局？这是一个不言而喻的结论，因为我们都会明白问题的根源不在于他们的智商，而是他们不懂控制自己的情绪，不知晓调整自己的心理状态，于是在面对人生逆境之时选择了结束自己的生命……

这些自我控制与面对人生挫折的心境，为我们揭开了情商的神秘面纱。所有的这些高智商人物的悲剧，原来可以避免，或者他们未来可以取得更加卓越的成就，但因为情商不高而最终发生令人扼腕叹息的事情。

情商与我们每个人的生活、工作息息相关，一个高情商的人在工作上易于成功，婚姻中易产生幸福感，人际关系如鱼得水……

情商就这样走进了人们的视野。

◆ 情商是一门人生艺术

情商是一种能力，是一种准确觉察、评价和表达情绪的能力；一种接近并产生感情，以促进思维的能力；一种调节情绪，以帮助情绪和智力发展的能力。这种能力的运用就是一门艺术。

人的情绪体验是无时无处不在的，相信我们每个人都有过莫名其妙被某种情绪侵袭的经验。这些情绪体验既包括积极的情绪体验，也包括消极的情绪体验。不是所有的情绪都是对人的行为有利的，所以，认识情绪，进而管理情绪，成为我们必须正视的课题。

《牛津英语词典》上说："情绪是心灵、感觉、情感的激动或骚动，泛指任何激动或兴奋的心理状态。"简单来说，情绪是一个人对所接触到的世界和人的态度以及相应的行为反应，就是快乐、生气、悲伤等心情，它不只会影响我们的想法和决定，更会激起一连串的生理反应。

大体上，我们可以将情绪粗分为愉快和不愉快两种经验：

愉快的经验包括喜悦、快乐、积极、兴奋、自豪、惊喜、满足、热忱、冷静、好奇心和如释重负等。

不愉快的经验有失望、挫折、忧郁、困惑、尴尬、羞耻、不悦、自卑、愧疚、仇恨、暴力、讥讽、排斥和轻视等。

其中它们又可分为合理的情绪和不合理的情绪。快乐、激动、悲伤、恐惧、愤怒、害怕、担心、惊讶等感觉，共同构成了人生丰富多彩的情绪生活。人活着，就免不了体验这些情绪。情绪左右了人类无数的决定和行为，无论是对我们的学习经验还是社会适应能力来说，情绪都扮演着非常重要的角色。

由上可见，情绪是因多种情感交错而引起的一连串反应，与环境有着密不可分的互动关系，它并不是呼之即来、挥之即去的。

控制和管理自我情绪是一门人生艺术。一个不懂管理自己情绪的人，是不会成功的。因为太多的情绪化，起伏巨大会让一个人丧失理智，从而作出不合现实的判断，或错失良机。

智商可以说是一种很物质化的事物，而情商则是人在进化中发展出来的技能。正是因为有了情商，人才能够在进化中逐步胜出，最终成为地球上的统治者。

美国一位来自伊利诺伊州的议员康农在初上任时就受到了另一位代表的嘲笑："这位从伊利诺伊州来的先生口袋里恐怕还装着燕麦呢！"

这句话的意思是讽刺他还有着农夫的气息。虽然这种嘲笑使他非常难堪，但也确实如此。这时康农并没有让自己的情绪失控，而是从容不迫地答道："我不仅在口袋里装有燕麦，而且头发里还藏着草屑。我是西部人，难免有些乡村气，可是我们的燕麦和草屑，却能生长出最好的苗来。"

康农并没有恼羞成怒，而是很好地控制了自己的情绪，并且就对方的话"顺水推舟"，作了绝妙的回答，不仅自身没有受到损失，反而使他从此闻名于全国，被人们尊敬地称为"伊利诺伊州最好的草屑议员"。

无数事例证实：情商就是一种情绪管理的能力。情商高，代表着情感管理的能力强，人际关系和社会适应力也比较好。反过来说，情商低，就代表一个人常常会陷入大悲大喜的情况，因为这种巨大的情绪起伏而最终一事无成；情商低的人相对地人际关系容易紧张，社会适应力也较差。

一个人在生活中经常会遇到种种不如意，有的人容易因此大动肝火，结果把事情搞得越来越糟。而有的人则能很好地控制自己的情绪，泰然自若地面对各种刁难，在生活中立于不败之地。就如同上面那位"伊利诺伊州最好的草屑议员"一样，最终靠控制自我情绪而赢得人们的敬重。

情商就是这样一种管理情绪的艺术，如果你要快乐幸福地生活，你就要学会了解和管理自己的情绪，这也是提高你情绪智商的办法。掌握并认真利用好这门艺术，将会令你受益一生。

第2节 情商的内容

◆ 自我认知的能力

古希腊德尔斐城的帕提农神庙里，镌刻着苏格拉底的一句名言：认识你自己。它是这座神庙里唯一的碑铭，它要求人们在情绪产生的时候，即能感知它的存在，进而有目的地调控它。

然而，认识自己并非易事，所谓"不识庐山真面目，只缘身在此山中"，讲的就是这个道理。

我是谁？我从哪里来？又要到哪里去？我为什么要这么做？我为什么不高兴？……这些问题从古希腊开始，人们就不断地问自己，然而至今都没有得出令人满意的结果。即便如此，人们从来没有停止过对自我的追寻。

正因为如此，人常常迷失在自我当中，很容易受到周围信息的暗示，并把他人的言行作为自己行动的参照。认识自己，心理学上叫自我知觉，是一个人了解自己的过程。在这个过程中，人更容易受到来自外界信息的暗示，从而出现自我知觉的偏差。

在动物园里生活的小骆驼问妈妈："妈妈，为什么我们的睫毛那么长？"骆驼妈妈说："当风沙来的时候，长长的睫毛可以让我们在风暴中都能看到方向。"

小骆驼又问："妈妈，为什么我们的背上有个大包？丑死了！"骆驼妈妈说："这个叫驼峰，可以帮我们储存大量的水和养分，让我们能在沙漠里耐受十几天无水无食的环境。"

小骆驼又问："妈妈，那为什么我们的脚掌那么厚？"骆驼妈妈说："那可以让我们重重的身子不至于陷进软软的沙子里，便于长途跋涉啊。"

小骆驼高兴坏了："哇，原来我们的身体这么有用啊！可是妈妈，为什么我们还在动物园里，不去沙漠远足呢？"

我国著名的思想家老子曾说"知人者智，自知者明"。如上文中的小骆驼对自身的许多困惑皆来自于不能清醒地认识自己。

我们常常会说某人一点自知之明都没有，这里所谓的"自知之明"也是自我认识的一个普通说法。

认识自我包括的内容如下：我对身体外形的认识——有什么优势，有哪些缺陷；我的情绪个性——易冲动，还是沉着；我的气质类型——胆汁质、多血质、黏液质、抑郁质；我有哪些长处，哪些短处……

比如一些人对自己的身高或胖瘦而不能坦然面对，那么他的自我认知就出现了障碍。

也有一些人对自己所扮演的角色、所处的位置认识不清，导致命运的悲剧发生。

清朝咸丰年间，金融业受控于两大集团，北是山西帮的"票号"，南是宁绍帮的钱庄。安庆人胡雪岩年轻时就在钱庄当学徒，与官宦子弟王有龄结为"生死之交"，利用王有龄的官场与社会关系开设钱庄。胡雪岩曾在王有龄穷困潦倒之际给予其资助，因而后来王有龄得志后常想着对胡雪岩报恩。胡雪岩通过不断网罗人心，层层投靠，精于谋划，采用灵活的手段，靠经营丝绸、茶叶和军火发了大财，渐渐成为江浙巨商。

后来，太平天国李秀成兵围杭州，胡雪岩的家业即将毁于一旦，但他把危险看成机会，购置了大批粮食支援守城清军抗敌。不料清军无能而失守，好友王有龄自缢。胡雪岩于是投奔左宗棠麾下，为其筹措军饷，镇压太平军，以保家业。但所耗钱财巨大，一个商人财力终归有限，他又以灵机应变之能与洋人谈判，开我国近代史借外债之先河。此举深得左宗棠赏识，遂保荐二品顶戴和黄马褂，胡雪岩还受赐紫禁城骑马之殊荣，成为清末赫赫有名的红顶商人。

胡雪岩春风得意，又协助左宗棠购办武器镇压回捻起义，成为军火商人。一夕间获利百万，官助商势，商助官银，使他家业飞升，成为官场、商场的红人。此时，胡雪岩开始大兴土木，妻妾成群，生活腐化，当然也没能脱开古训：树大招风，福兮祸依。

左宗棠与当权重臣李鸿章矛盾尖锐，作为左宗棠财政支持人的胡雪岩自然也就成了李鸿章的眼中钉，"排左必先除胡"成为李鸿章的重大策略。同时，胡雪岩与外商之间的勾当也暴露天下，引发左宗棠之疑，他的败象已然显露。尤其他想维持江南蚕业，与洋人竞争，孤军奋战，终因资金周转不灵而渐渐支撑不住。而当年他用钱支持过的清政府，见他抵挡不住，便弃之而去。到了此时，胡雪岩完全败北，妻离子散，人去楼空。人生亦曾富贵，亦曾凄凉，宛若黄粱一梦。

胡雪岩作为一代徽商的杰出代表，他本来可以荣华富贵地过一生，然而其大起大落，败在其成功之时没有摆正自己的位置。他作为一名商人，越俎代庖，干涉到朝廷的"内政"，做了许多本该是政府做的事，结果只能是吃力不讨好，成为左李二人政治斗争的牺牲品。

而与之相反的另一位清朝"名人"——李莲英，却享尽荣华，富贵一生。

李莲英当时深得慈禧太后老佛爷的喜爱，被封为大总管，权倾朝野，许多大臣也怕他三分。然而，李莲英时刻警醒自己只不过是个大太监，深获慈禧太后宠爱而已。在一次随同李鸿章、七王爷出巡之时，李莲英没有乘坐为他准备的"专车"，而是坐了一顶不起眼的小轿，晚上也是先服侍李鸿章、七王爷睡下，甚至为七王爷洗脚。

这些并没有白做，因为回朝之后，李鸿章与七王爷争相向老佛爷夸李莲英会办事，说得慈禧太后一高兴就赏了李莲英不少珍宝，还连呼"没白疼他一回"。

慈禧去世之后，隆裕皇后即位，李莲英请求告老还乡，并把慈禧太后生前所赐最名贵的几件珍宝交出来："这些本是国家的宝物，奴才私自珍藏了几十年。现奴才还乡，请求皇后娘娘收回宝物！"

像李莲英这么有自知之明的人又有谁不喜欢呢？

所以，千百年传下来的一句古话：人贵自知，在如今的时代还同样具有深刻的意义。

◆ 控制自我情绪的能力

情商的一个重要内容是控制自我，没有自制力的人终将一无所成，一点的小刺激和小诱惑都抵制不了，面对大的诱惑必将深陷其中。

控制自我情绪是一种重要的能力，也是人区别于动物的重要标志。人是有理性的，不能只依赖感情行事。

2000年，小布什击败戈尔当选为美国总统。但你可想到，就是这样堂堂的美国总统，年轻时候却放荡不羁、缺乏自制力。

学生时代的布什，学习成绩一般，但对于吃喝玩乐他却样样在行。平时他除了与他那帮"狐朋狗友"四处游荡之外，无所事事。他最大的喜好便是开着自己那辆哈雷·戴维斯摩托车，带着时髦的女孩，在大街上飙车。除此之外，每天晚上，他总是泡在各色舞厅里，不到深夜不会回家，而且每次都是醉醺醺的。

老布什看儿子如此不济，多次谆谆教导，但是，小布什总把父亲的话当成耳旁风，依然故我。

直到有一天，一个很特别的姑娘出现在他面前，她的美丽和纯洁一下打动了"花花公子"小布什。在这位姑娘的影响之下，小布什警醒了，他慢慢克制住自己的放浪行为，奋发努力，投入政界。经过一番奋斗，他终于成就了自己的辉煌，登上了总统宝座。

托马斯·曼告诫人们："控制感情的冲动，而不是屈从于它，人才有可能得到心灵上的安宁。"

有一个间谍，被敌军捉住了，他立刻装聋作哑，任凭对方用怎样的方法诱问他，他都绝不为威胁、诱骗的话语所动。等到最后，审问的人故意和气地对他说："好吧，看起来我从你这里问不出任何东西，你可以走了。"

你认为这个间谍会立刻转身走开吗？

不会的！

要是他真这样做，他就会当场被识破他的聋哑是假装的。这个聪明的间谍依旧毫无知觉似地呆立着不动，仿佛对于那个审问者的话完全不曾听见。

审问者是想以释放他使他麻痹，来观察他的聋哑是否真实，因为一个人在获得自由的时候，常常会精神放松。但那个间谍听了依然毫无动静，仿佛审问还在进行，就不得不使审问者也相信他确实是个聋哑人了，只好说："这个人如果不是聋哑的残废者，那一定是个疯子了！放他出去吧！"就这样，间谍的生命保存下来了。

很多人都惊叹于这个间谍的聪明。其实，与其说这个间谍聪明绝顶，还不如说是他超凡的自制力在关键时刻拯救了他的生命，换回了他的自由。

自制，顾名思义就是约束自己。看似不自由，殊不知，为了获得真正的自由，必须有意识地克制自己。

没有自制力的人是可怕的，不但他的思想会肆意泛滥，行为更会如此。有人喝酒成瘾、上网成瘾等，无一不是缺乏自制力的表现。

一个失去自制能力的人是不会得到命运的眷顾与垂青的。

卡耐基的经历给了我们很好的启示。

有一次，卡耐基和办公大楼的管理员发生了一场误会，这场误会导致了他们之间的憎恨。这位管理员为表示对卡耐基的不满,便给他时不时添些小麻烦。一天,管理员知道整栋大楼里只有卡耐基在办公室里时,立刻把全楼的电灯关了。这样的情形发生了好几次,最后,卡耐基忍无可忍,决定"反击"。

某个周末,机会来了。卡耐基在他的办公室里准备一份计划书,忽然电灯熄灭了。卡耐基立刻跳起来,奔向楼下地下室,他知道在那儿可以找到这位管理员。当卡耐基到那儿时,发现管理员正倚在一张椅子上看报纸,还一边吹着口哨,仿佛什么事情都未发生似的。

卡耐基立刻破口大骂。一连5分钟之久,他用尽了天下所有的脏字来侮辱管理员。最后,卡耐基实在想不出什么骂人的词句,只好放慢语速。这时候,管理员放下手中的报纸,脸上露出开朗的微笑,并以一种充满自制和镇静的声音说:"呀,你今天有点儿激动,不是吗?"他的话像一支利箭,一下子刺进了卡耐基的心。

卡耐基羞愧难当:站在自己的面前是一位只能以开关电灯为生的工人,他在这场战斗中打败了自己,而且这场战斗的场合和武器,都是自己挑选的。

卡耐基一言不发,转过身,以最快的速度回到办公室。他再也做不了任何事了。当卡耐基把这件事反省了一遍又一遍后,他立即看出了自己的错误,坦率地说,他很不愿意采取行动来化解自己的错误。但卡耐基知道,必须向那个人道歉,内心才能平静。最后,他费了很久的时间才下定决心,决定到地下室去忍受必须忍受的这种羞辱。

卡耐基到地下室后对那位管理员说道:"我回来为我的行为道歉,如果你愿望接受的话。"管理员脸上露出了微笑,说:"凭着上帝的爱心,你用不着向我道歉。除了这四堵墙壁,以及你和我之外,并没有人听见你刚才说的话。我不会把它说出去的,我知道你也不会说出去的,因此,我们不如就把此事忘了吧。"

卡耐基听了这话,羞愧再次刺痛了他的心。他抓住管理员的手,使劲握了握。卡耐基不仅是用手和他握手,更是用心和他握手。在走回办公室途中,卡耐基心情十分愉快,因为他终于鼓起勇气,化解了自己做错的事。由此卡耐基一再告诫我们,自制是一种十分难得的能力,它不是枷锁,而是你带在身上的警钟。

那些以为自制就会失去自由的人,对"自由"与"自制"的意义显然还没有深刻的领会。因为自我控制不是要以失去自由为代价,恰恰是为了保证自由最大限度内的实现。

一位骑师精心训练了一匹好马，所以骑起来得心应手。只要他把马鞭子一扬，那马儿就乖乖地听他支配，而且骑师说的话马儿句句都明白。

骑师认为用言语指令就可以驾驭住了，缰绳是多余的。有一天，他骑马外出时，就把缰绳给解掉了。

马儿在原野上驰骋，开头还不算太快，仰着头抖动着马鬃，雄赳赳地高视阔步，仿佛要叫他的主人高兴。但当它知道什么约束都已经解除了的时候，它就越发大胆了，它再也不听主人的叱责，愈来愈快地飞驰在辽阔的原野上。

不幸的骑师，如今毫无办法控制他的马了，他用颤抖的手想把缰绳重新套上马头，但已经无法办到。失去羁控的马儿撒开四蹄，一路狂奔着，竟把骑师摔下马来。而它还是疯狂地往前冲，像一阵风似的，路也不看，方向也不辨，一股劲儿冲下深谷，摔了个粉身碎骨。

"我可怜的好马呀，"骑师好不伤心，悲痛地大叫道，"是我一手造就你的灾难。如果我不冒冒失失地解掉你的缰绳，你就不会不听我的话，就不会把我摔下来，你也绝不会落得这样凄惨的下场。"

追求自由是无可非议的，但我们不能放任自流。一点也不加以限制的自由，本身就潜藏着无穷的害处与危险，严重的时候，就像脱缰的马儿一样难以控制。世界上不存在绝对的自由，真正意义上的自由，是"带着镣铐跳舞"。

给情绪一个自制的阀门，我们自然会做到挥洒自如，赢得卓越的人生。

◆ 自我激励的能力

自我激励就是给自己打气，鼓励自己。中国人自小就被要求要争气，在逆境中要奋起，而支持崛起的信念则来自于自我激励。

当遇到不顺心的事时，要告诉自己一切都会过去的，这没有什么大不了的。相信自己通过努力可以改变目前的状态，这是一种神奇的力量，来自于心的力量，也是情商的重要内容之一。

偌大的中国，有许多商业巨子在引领企业的未来，其中有一位闪耀的女星，她就是吴士宏。

吴士宏从一个未受过正规高等教育、没有任何背景的普通年轻女子，到IBM、微软两个巨型跨国公司的地区负责人。她的成功，除了过人的胆识、聪颖的智慧，还跟她自我激励的情商有着密切的关系。

　　进入 IBM 之前的面试，吴士宏初生牛犊不怕虎，经理问她："你知道 IBM 是家怎样的公司吗？""很抱歉，我不清楚。"吴士宏实话实说。"那你怎么知道你有资格来 IBM 工作？""你不用我，又怎能知道我没有资格？"吴士宏脱口而出，这话自信十足。她接着继续用英语说，她以前的同事和领导都相信她有能力做更多的事，她说能通过自学考试就是能力的证明，如果给她机会，她会证实她的能力和资格的，IBM 公司或是别的公司如果用她一定不会后悔。就这样，她被告知：下周一上班！"天生我才必有用"，吴士宏充满自信的言语给主管考官留下的，是一种信任和认同感。

　　但吴士宏在 IBM 做职员期间，有一次她推着平板车买办公用品回来，被门卫拦在大楼门口，故意要检查她的外企工作证。她没有证件，于是僵持在门口。进进出出的人们都向她投来异样的目光，她内心充满屈辱，但却无法宣泄，她暗暗发誓："这种日子不会久的，我绝不允许别人把我拦在任何门外。"

　　还有一件事重创过她敏感的心。有个香港女职员，资格很老，她动辄就驱使别人替她做事，吴士宏自然成了她驱使的对象。一天，她满脸阴云，冲吴士宏走过来说："Juliet（吴士宏的英文名），如果你想喝咖啡请告诉我！"吴士宏惊诧之余满头雾水，不知所云。那位职员仍劈头盖脸喊道："如果你要喝我的咖啡，麻烦你每次喝完后把盖子盖好！"吴立宏恍然大悟，她把自己当成经常偷喝她咖啡的贼了，这是人格的污辱，气得吴士宏顿时浑身战栗。

　　吴士宏的前半生是微不足道的，她只是一个小护士。在有幸进入 IBM 做一名最低级职员后，她扮演的是一个卑微的角色，沏茶倒水，打扫卫生。她曾感到自卑，连触摸心目中高科技象征的传真机都是一种奢望，她仅仅为身处这个安全而又能解决温饱的环境而感到宽慰。但是这种内心的平衡由于这两件事而受到重创，吴士宏下定决心改变自己，有朝一日一定要管理公司里的任何人，无论是外国人还是香港人。

　　从此，她每天比别人多花 6 个小时用于工作和学习。于是，在同一批聘用者中，她第一个做了 IBM 的业务代表。接着，同样的付出又使她成为第一批 IBM 本土的经理，然后又成为第一批去美国本部作战略研究的人。最后，她又第一个成为 IBM 华南区的总经理。这就是付出多回报多的最好事例。

　　在以后的岁月里，吴士宏更以惊人的毅力向自己的命运发起了挑战。1998 年 2 月，她到了微软，成了微软中国公司总经理。1999 年 10 月，TCL 礼聘她为

TCL集团常务董事、副总裁、TCL信息产业集团公司总裁。

许多不成功的人不是没有成功的能力与潜质，而是在思想上就不想成功。因为他们在受到羞辱时除了暗自神伤，嗟叹命运不济，从不给自己打气，他们会习惯"劣势"，久而久之真的只有失败与之为伍。

也有一些人并不是不给自己一点激励，而是很快就把对自己的承诺抛在脑后，没有认真地执行过既定的目标。

一个有成功意识的人，都是允许自己失败，却不会倒下的人。因为失败是一时的，可以激励自己往上走，但倒下去就是永久的失败。

◆ 识别他人情绪的能力

日常生活中时常有人抱怨某人"不会察言观色"，或者是"没有眼力"，无论是哪种表达，都是关于情商中识别他人情绪的表现。

一个不懂得识别他人内心的人，是无论如何达不到想要的成就的。

清朝有一个县令，被分配到山东省，第一次谒见抚军。按照惯例，凡是部属来参见长官，必须穿蟒袍补服（所谓蟒袍就是清代官员的公服，用缎做成，一般为夹层，视官阶大小，上绣五蟒至九蟒不等。补服是加在蟒袍上的外褂），即使酷暑也不能免除。因为当时正是炎热的夏季，这位县令刚在抚军的厅堂坐下，就汗流浃背，难以忍受，于是拿起随身携带的圆扇振臂狂挥。抚军说："为什么不脱掉外褂？"县令说："是，是。"于是让他的仆人帮他脱掉了外褂。过了一会儿，挥扇如故，抚军笑着说："为什么不解带宽袍？"县令说："是，是。"于是离开座位一件一件解带去袍。回到座位上，县令自顾自地在抚军面前谈笑风生，不自觉地把扇子换到右手，又从右手换到左手，不停地换来换去扇个不停，把风扇得飒飒有声。

抚军起初以为他是耐不住热，继而为他的放肆而生气了，于是斜着眼睛用反语戏弄他说："怎么不连衬衫也脱去，那样比较凉快。"这县令应声就脱去衬衫。抚军看他这般无知无礼，立即拱手说："请茶。"抚军的左右立即传呼"送客"。因为清时官场习惯，属员谒见长官，长官不愿意再继续谈下去，就以"请茶"示意。茶碗一端，侍从就高呼"送客"，这时客人必须立即辞出。县令听到"送客"，仓促间没有办法，来不及穿戴，急忙取了帽子戴在头上，左边腋下夹着袍服，右肘挂上念珠，提着短衣，踉跄而出，犹如杂剧中扮演小丑的登场。抚军署中的官吏小厮，吃吃地笑得直不起腰来。县令刚回到公馆，抚军命令他回原籍学习的告示牌，已经高高地悬挂在大门外面了。

这位县令之所以落得如此下场，是在于他的"愚"，不能准确领会说话者的真实意图。这是识别他人情绪能力的欠缺，是情商不高的表现。

有人说该县令不能领悟他人意思是因为他"笨"，那么"聪明"是否就能拯救这种人的性命呢？

三国时著名才子杨修是曹营的主簿，他是有名的思维敏捷的官员和有名的敢于冒犯曹操的才子。刘备亲自攻打汉中，惊动了曹操，他即率领四十万大军迎战。曹刘两军在汉水一带对峙。曹操屯兵日久，进退两难，适逢厨师端来鸡汤，见碗底有鸡肋，有感于怀，正沉吟间，夏侯淳入帐禀请夜间号令。

曹操随口说："鸡肋！鸡肋！"

人们便把这个号令传了出去。行军主簿杨修即叫随行军士收拾行装，准备归程。夏侯淳大惊，请杨修至帐中细问。

杨修解释说："夫鸡肋，弃之可惜，食之无所得。以比汉中，知王欲还也。"

夏侯淳也很信服，营中诸将纷纷打点行李。曹操知道后，怒斥杨修造谣惑众，扰乱军心，便把杨修给斩了。

后人有诗叹杨修，其中有两句是："身死因才误，非关欲退兵。"这是很切中杨修之要害的。

原来杨修为人恃才傲物，数犯曹操之忌。曹操兵出潼关，到蓝田访蔡邕之女蔡琰。蔡琰字文姬，原是卫仲道之妻，后被匈奴掳去，于北地生二子，作《胡笳十八拍》，流传入中原。曹操深怜之，派人去赎蔡琰。匈奴王惧曹操势力，送蔡琰还汉朝。曹操把蔡琰许配给董祀为妻。曹操当日去访蔡琰，看见屋里悬一碑文图轴，内有"黄绢幼妇，外孙齑臼"八个字。曹操问众谋士谁能解此八字，众人都不能答，只有杨修说已解其意。曹操叫杨修先别说破，让他再思解。告辞后，曹操上马行三十里，方才省悟。原来此含隐语"绝妙好辞"四字。曹操也是绝顶聪明的人，却要行三十里才思考出来，可见其急智捷才远不及杨修。

曹操曾造花园一所，造成后曹操去观看时，不置褒贬，只取笔在门上写一"活"字。

杨修说："'门'内添活字，乃阔字也。丞相嫌园门阔耳。"

于是翻修。曹操再看后很高兴，但当知是杨修析其义后，内心已忌杨修了。又有一日，塞北送来酥饼一盒，曹操写"一合酥"三字于盒上，放在台上。杨修入内看见，竟取来与众人分食。曹操问为何这样？杨修答说，你明明写"一人一口酥"嘛，我们岂敢违背你的命令？曹操虽然笑了，内心却十分厌恶。

曹操怕人暗杀他，常吩咐手下的人说，他常做杀人的梦，凡他睡着时不要靠近他。一日他睡午觉，把被蹬落地上，有一近侍慌忙拾起给他盖上，曹操跃起来拔剑杀了近侍。大家告诉他实情，他痛哭一场，命厚葬之。因此众人都以为曹操梦中杀人，只有杨修知曹操的心，于是便一语道破天机。

凡此种种，皆是杨修的聪明冒犯了曹操。杨修之死，源于他的聪明才智。

有人认为杨修是"聪明反被聪明误"，其实杨修的聪明不算真聪明，因为真正聪慧的人知晓如何把握他人的心理，并保护自身的利益。

◆ 人际交往的能力

美国有一个叫泰德·卡因斯基的人，他16岁进哈佛，20岁毕业。而后在密歇根大学获数学硕士、博士学位。接着，又到世界第一流的加州大学伯克利分校数学系任教。然而，卡因斯基虽然智力超群，但却从未培养自己的社会交际技能和情商。整个中学时期同学几乎见不到他的影子，他从不同任何人交往，更不能与人建立长久关系。在大学里，他也如此，人们送他一个绰号"哈佛隐士"。卡因斯基在制造炸弹方面有特殊才智，但他在社交方面却是低能儿，因长期压抑而导致心理异常。他不但对社会没有好的作用，倒用自己的研制的炸弹杀死了3人，伤了22人。

著名成功学家卡耐基先生说一个人的成功20%取决于专业能力，80%取决于人际关系，足见人际交往能力的重要。而他所说"专业技能"主要靠智商来获取，"人际关系"却是靠情商获得。

与他人沟通是情商中最为重要的内容之一。

16岁的小姑娘朱露总是显得有点孤独，平时也不爱言语，和同龄人似乎没有话题可讨论。

其实朱露原本并非如此，在她5岁以前，她一直是个非常活泼的小女孩。她当时和其他同龄的小伙伴没有任何太大的区别，但很快情况发生了变化。当她天真地问一些问题时，得到的总是父母的斥责："不该问的就不要问。"渐渐地朱露变得沉默起来，也不敢和陌生人说话，因为她总担心自己不会说话。

朱露的人际交往能力，在她到了16岁时已显得不如伙伴们成熟，并且不擅交朋友的她由于缺乏友谊而更加落落寡合。

可怜的小朱露因为少了友谊的甘霖而常常忧愁，但是却无法走出童年的阴影。

人际交往能力是人们生存的最重要的能力之一，如果欠缺过硬的与人交往能力，我们不仅会在前途上大受影响，也会在生活上备受其"害"——人际关系不善注定会影响我们的心情。

我们每个人都深深感到人际关系的重要与微妙，许多人坦言：工作的最重要之处在于与人协调、沟通。只有在人际关系处理好了之后，才有可能展现你独特的才华，否则不良的人际关系将阻碍你前进的步伐。

1983年，嘉纳出版了影响深远的《心理架构》(Frames of Mind)，明白地驳斥智商决定一切的观念，指出人生的成就并非取决于单一的智商，而是多方面的智能。这样的智能主要可分为七大类，其中两类是传统所称的智能——语言与数学逻辑，其余各类包括空间能力（艺术家或建筑师）、体能（运动员的优雅或魔术师的灵活）、音乐才华（如莫扎特）。最后两项是嘉纳所谓"个人能力"的一体两面，一是人际技巧，如医生或马丁·路德·金这样的领袖；另一类是透视心灵的能力，如心理学大师弗洛伊德。

这种多面向的智能观可更完整地呈现出孩子的能力和潜力。嘉纳等人曾经让多元智能班的学生做两种测验，一种是传统标准的斯坦福毕奈儿童智力测验，另一种是嘉纳的多元智能测验，结果发现两种测验成绩并无明显的关联。智商最高的儿童(125～133分)在十类智能的多元测试中表现各异；三个孩子在两个领域表现不错，另一个孩子只在一个领域表现较杰出，且各人突出的领域相当分散；四个音乐较佳，一个特长是逻辑，一个是语言。五个高智商的孩子在运动、数字、机械方面都不太行，运动与数字甚至是其中的两个孩童的弱点。

嘉纳的结论是：斯坦福毕奈智力测验无法预测孩童在多元智能领域的表现。反之，教师与家长可根据多元智能测验，了解孩子将来可能有杰出表现的倾向。

嘉纳后来仍不断发展其多元智能观，他的理论首度问世后约10年，他就个人智能提出一个精辟的说明：

人际智能是了解别人的能力，包括别人的行事动机与方法，以及如何与别人合作。成功的销售员、政治家、教师、治疗师、宗教领袖都有高度的人际智能。内省智能与人际智能相似，但对象是自己，即对自己有准确的认知，并依据此认知来解决人生的问题。

"人际智能"即人际交往能力的重要性不言而喻，因为它是我们每个人的切身体会。

一位学业优异的学生将来可能问鼎科学的最高奖项，然而并不见得能当一名出色的领袖，因为他有可能欠缺与人交际的能力——但并不是说每一个成绩优异的人都如此，因为有许多特别出色的领袖也曾同样学业优秀，比如"铁娘子"撒切尔夫人等等。

我们在此强调的是：人际沟通能力非常重要。

第 3 节　情商的价值

◆ 成功 80% 的决定因素来自情商

海斯是一位学问高深的学者，曾获得世界一流学府斯坦福大学的博士学位。他有过这样一段往事：

我从前在部队服役的时候，做过一个智商测试，测试的结果是我获得了 160 分，是基地里得分最高的。按照测试标准，我的智商已经到了天才的水平。退役后，我又参加几次智商测验，每次都得高分，因此我有充分的理由相信自己聪明过人，我希望别人也这样看我。然而，遗憾的是有人并不这么看。

我认识一位汽车修理工，我估计他如果参加智商测试，分数大概仅仅是人类智力的平均分——90 分而已，所以我理所当然地认为我远比他聪明。然而，每当我的汽车出毛病，我又不得不去找这个低智商的人来解决问题，对他的结论洗耳恭听，奉若神旨，而他每次都能让我的汽车变得完好如初。

有一次，他从引擎上抬起头来，笑嘻嘻地对我说："博士，有一个聋哑人到五金店买钉子,他把左手食指和拇指并拢放在柜台上,右手做了几次敲打的动作,店员拿了一把锤子给他,他摇摇头。店员注意到了他左手并拢的拇指和食指,于是给他拿来了钉子,这回聋哑人满意了。那么,博士,我来考考你,接着又来了一个瞎子,他想买剪刀,你说他该怎么表示呢?"

我伸出食指和中指,做了几次剪的动作。修理工哈哈大笑:
"你这个笨蛋!他当然是用嘴说啦!"

接着,他得意地说:"今天我用这个问题考了很多人。"

我问他:"上当的人多吗?"

"不少。但我知道你肯定会上当的。"

"为什么?"我大吃一惊。

"因为你受的教育太多了,我知道你有学问,但不会太聪明。"

他的话尽管让我有点不快,但我不得不承认他说出了一个事实。智商高能说明什么呢?也许说明我善于做某种类型的测试题,而出题者的思维方式和我十分接近,仅此而已。

人类在关于怎样才能成功的问题上,从来不曾停止过探索的脚步。熟悉电影的人们一定都会记得《阿甘正传》,这是一部好莱坞大片,男主角汤姆·汉克斯更是凭借它而一举夺得奥斯卡小金人。

那么汉克斯在片中饰演的角色是怎样的呢?为何这部影片至今还常常为人们所津津乐道?

影片中的男主角名叫 Forrest Gump,他从小就是一个有点行动不便的男孩,准确点说是有点残疾。然而不幸的事情不在于这里,而在于他的母亲到处为他找学校,却无人愿意接收他,原因在于他是个智商被告知只有70分——一个远低于正常人的分数。

但是后来片中的 Forrest 的表现让我们每位观众都为之感动。他凭借他的执着、善良、守诺、勇敢的个性,一度成为美国人民心中的英雄。

故事也许是虚构的,但却向我们展示了这样一个道理:智商的高低与人生的成就不能直接画等号!阿甘重情重义,执着乐观的个性,是他成功的重要因素,这便是来自于情商的魅力。

资深学者丹尼尔·戈尔曼宣称:"婚姻、家庭关系,尤其是职业生涯,凡此种种人生大事的成功与否,均取决于情商的高低。"一份有关调查报告披露,在贝尔实验室，顶尖人物并非是那些智商超群的名牌大学毕业生。相反，一些智商平平但情商甚高的研究员往往以其丰硕的科研业绩成为明星。其中的奥妙在于，情商高的人更能适应激烈的社会竞争局面。

与社会交往能力差、性格孤僻的高智商者相比，那些能够敏锐了解他人情绪、善于控制自己情绪的人，更可能找到自己想要的工作，也更可能取得成功。情商为人们开辟了一条事业成功的新途径，它使人们摆脱了过去只讲智商所造成的无可奈何的宿命论态度。

心理学家认为，情绪特征是生活的动力，可以让智商发挥更大的效应。所以，情商是影响个人健康、情感、人生成功及人际关系的重要因素。

多年以来，人们一直以为高智商可以决定高成就，其实，人一生的成就至多只有20%归功于智商，另外80%则受情商因素的影响。所谓20%与80%并不是一个绝对的比例，它只是表明，情商在人生成就中起着不可忽视的作用。尽管智商的作用不可或缺，但过去把它的作用估量得太高了。

为此，心理学家霍华·嘉纳说："一个人最后在社会上占据什么位置，绝大部分取决于非智力因素。"许多材料显示，情商较高的人在人生各个领域都占尽优势，无论是谈恋爱、人际关系，还是在主宰个人命运等方面，其成功的机会都比较大。

戈尔曼用了两年时间，对全球近500家企业、政府机构和非营利性组织进行分析，发现成功者除具备极高的智商以外，卓越的表现也与情商有着密切的关系。在一个以15家全球企业，如IBM、百事可乐及富豪汽车等数百名高层主管为对象的研究中发现，平凡领导人和顶尖领导人的差异，主要是来自情绪智能。

卓越的领导者在一系列的情绪智能，如影响力、团队领导、政治意识、自信和成就动机上，均有较优越的表现。情商对领导人特别重要，是因为领导的精髓在于使他人更有效地做好工作。一个领导人的卓越之处，在很大程度上表现于他的情商。

这就是为什么人们不是推举一些特别聪明的人做领导，而是推举一些能关心别人、与人关系融洽的人做领导的原因。相比较之下，情商高的人更能为众人办事，也更能发挥群体的积极性。

情商对于普通者同样如此。许多人在校时成绩很好，毕业后却碌碌无为。他们经常抱怨与人难以相处，得不到上司的赏识，在生活中处处碰壁，有些人甚至心态失衡而走上歧途，究其原因也是情商低。而一些在校时成绩平平，被认为智商一般甚至低能的学生，毕业后却如鱼得水，成为独占鳌头的领导者。他们能适应周围环境，抓住机遇。更重要的是，他们善于把握和调整自己的情绪，善于把握和适应领导者的愿望和要求，善于处理自己周围的人事关系，因而他们成功了。

我们如果想要成功，就要努力成为一名高情商的人。那时你要成功，有谁能阻挡呢？

◆ 超越智商

你的人生正如一辆全速行驶的列车，而你的情商为它提供足够的动力，决定它前行的方向。一个人事业上的成功，需要有正确的思想和理念的指引。真正具有建设性的精神力量，蕴藏在左右一生命运的情商中。每时每刻的精神行为，会对命运产生决定性的影响。情商高的人生活更有效率，更易获得满足，更能运用自己的智能获取丰硕的成果。反之，不能驾驭自己情感的人，内心激烈的冲突，削弱了他们本应集中于工作的实际能力和思考能力。

1936年9月7日，世界台球冠军争夺赛在纽约举行。路易斯·福克斯的得分一路遥遥领先，只要再得几分便可稳拿冠军了，就在这个时候，他发现一只苍蝇落在主球上了，他挥手将苍蝇赶走了。可是，当他俯身击球的时候，那只苍蝇又飞回到主球上，他在观众的笑声中再一次起身驱赶苍蝇。这只讨厌的苍蝇破坏了他的情绪，而且更为糟糕的是，苍蝇好像是有意跟他作对，他一回到球台，它就又飞回到主球上来，引得周围的观众哈哈大笑。

路易斯·福克斯的情绪恶劣到了极点，他终于失去了理智，愤怒地用球杆去击打苍蝇，球杆碰到了主球，裁判判他击球，他因此失去了一轮机会。路易斯·福克斯方寸大乱，连连失利，而他的对手约翰·迪瑞则愈战愈勇，终于赶上并超过了他，最后拿走了桂冠。第二天早上，人们在河里发现了路易斯·福克斯的尸体，他投河自杀了！

处于情绪低潮当中的人们，容易迁怒周遭所有的人、事、物，这是自然而然的。情绪的控制，有待智慧的提升，而这种"智慧"的提升则是情商的提升。

有一个孩子，他的老师认为他是"一个愚笨的、昏庸的蠢货"。

这个孩子常在石板上画画，他到处观察，倾听每个人说话，他常提出一些"不可能的问题"，但不肯说出他懂得什么，甚至在处罚的威胁下也不肯，孩子们称他为"笨蛋"，他的成绩也经常是全班最后一名。

这个孩子就是托马斯·爱迪生。当你阅读爱迪生的传记时，你会受到巨大的鼓舞。爱迪生上小学的全部时间不超过3个月，他的老师和同学都异口同声地说：他太笨了。

情商的高低，可以决定一个人的其他能力，包括智能能否发挥到极致，从而决定他有多大的成就。情商比智商更重要，如果说智商更多地被用来预测一个人的学业成绩的话，那么，情商则能被用于预测一个人能否取得事业上的成功。优异的学业成绩，并不意味着你在生活和事业中能获得成功。成功不仅取决于个人的谋略才智，在很大程度上还取决于他正确处理个人的情感与别人情感之间关系的能力，也就是自我管理和调节人际关系的能力。

达尔文在他的日记中说："教师、家长都认为我是平庸无奇的儿童，智力也比一般人低下。"但他成了伟大的科学家。

爱因斯坦在1955年的一封信中写道："我的弱点是智力不好，特别苦于记单词和课文。"但他成为世界级的科学大师。

洪堡上学时的成绩也不好，一次演讲中他说道："我曾经相信，我的家庭教师再怎样让我努力学习，我也达不到一般人的智力水平。"可是，二十多年后他却成为杰出的植物学家、地理学家和政治家。

凯文·米勒小时候学习成绩不好，高中毕业时靠着体育方面的才能，才勉强进入芝加哥大学学习。许多年后，在他公开的日记中有这样的记述："老师和父亲都认为我是一个笨拙的儿童，我自己也认为，其他孩子在智力方面比我强。"可是，凯文·米勒经过多年的努力，却成为美国著名的洛兹企业集团的总裁。

现代研究已经证实，情商在人生的成功中起着决定性作用，智商只有与情商联袂登台，才能淋漓尽致地发挥作用。在许多领域卓有成就的人当中，有相当一部分人，在学校里被认为智商并不太高，但他们充分地发挥了他们的情商，最后获得了成功。

◆ 卓越从情商开始

北京大学医学部某学生，在实习时因为一时冲动而"乱刀"砍死同班同学，作案现场的楼梯到处血迹，惨不忍睹。据报道，该同学在学校时就与班里的同学关系紧张。他砍死另一名男生的理由也很荒唐：他所追求的一名女生成为被害者的女友——妒火中烧令他走向了罪恶的深渊……

此类的案件不绝于耳，是什么导致天之骄子成为杀人的罪犯？难道他不够聪明？显然不是，他们欠缺的正是卓越的情商。

与社会交往能力差、性格孤僻的高智商者相比，那些能够敏锐了解他人情绪、善于控制自己情绪的人，更可能找到自己想要的工作，也更可能取得成功。情商为人们开辟了一条事业成功的新途径，它使人们摆脱了过去只讲智商所造成的无可奈何的宿命论态度。

心理学家认为，情绪特征是生活的动力，可以让智商发挥更大的效应。所以，情商是影响个人健康、情感、人生成功及人际关系的重要因素。

有些人在潜力、学历、机会各方面都相当，后来的际遇却大相径庭，这便很难用智商来解释。曾有人追踪1940年哈佛的95位学生中年的成就（相对于今天，当时能够上哈佛的人比上不了哈佛的人，差异要大得多），发现以薪水、生产力、本行业位阶来说，在校考试成绩最高的不见得成就最高，对生活、人际关系、家庭、爱情的满意程度也不是最高的。

另有人针对背景较差的450位男孩子作同样的追踪，他们多来自移民家庭，其中2/3的家庭仰赖社会救济，住的是有名的贫民窟，有1/3的智商低于90。研究同样发现智商与其成就不成比例，譬如说智商低于80的人里，7%失业10年以上，智商超过100的人同样有7%。就一个四十几岁的中年人来说，智商与其当时的社会经济地位有一定的关系，但影响更大的是儿童时期处理挫折、控制情绪、与人相处的能力。

另外一项研究的对象是1981年伊利诺伊州某中学81位毕业演说代表与致辞代表学生。这些人的平均智商是全校之冠，他们上大学后成就都不错，但到近30岁时表现却平平。中学毕业10年后，只有1/4在本行中达到同年龄的最高阶层，很多人的表现甚至远远不如原来一般的同学。

波士顿大学教育系教授凯伦·阿诺曾参与上述研究，她指出："我想这些学生可归类为尽职的一群，他们知道如何在正规体制中有良好的表现，但也和其他人一样必须经历一番努力。所以当你碰到一个毕业致辞代表，唯一能预测的是他的考试成绩很不错，但我们无从知道他适应生命顺逆的能力如何。"

有一件发人深省的事情，一位心理学家应邀为一个学校的中学生作职业指导。对于成绩全是A（优秀）的学生，心理学家说：你最好坚持学术研究，做个教授。当然做律师，或者到华尔街工作也可以。

对于成绩全是C（及格）的学生，心理学家说：天哪！你一定要做好准备，你将会成为美国总统（现任美国总统小布什和他的竞争对手克里都是这样的"C等生"）。

对于马上要退学的学生，心理学家说：你还没成为世界首富吗？能不能卖给我一些你的公司的股票呢？

不过即使是笨蛋，如果情商比别人高明，职场上的表现也必然略胜一筹。诸多证据显示，情商较高的人在人生各个领域都较占优势，成功的机会比较大。此外，情感能力较佳的人通常对生活较满意，较能维持积极的人生态度。

在现代社会中生存，智商不再统治人的生活，情商开始主宰我们的命运，因为卓越从情商开始。

第 2 章

认识自我：
打造品质生活的基础

第 1 节　主动自我认知

◆ 坦然面对自己的缺陷

　　卡丝·黛莉天生有一副优美动听的歌喉，但却长着一口难看的龅牙。有一回，她报名参加歌唱比赛。上台后，由于她只顾掩饰她的龅牙，观众和评委都感到很好笑，她理所当然地失败了。

　　"你肯定会成功，"有位评委到后台找到她，很认真地告诉她，"你音乐潜质很好，但必须忘掉你的龅牙。"

　　之后，卡丝·黛莉开始反思自己，慢慢走出了龅牙的阴影。后来，她在一次全国性大赛中，以极富个性化的歌唱才华倾倒了观众和评委，美国乐坛一位著名的歌唱家就此诞生。她的龅牙也因此同她的名字一样有名，许多歌迷还夸她有一口漂亮的龅牙呢。

许多人有来自身体或外貌的缺陷，遗憾的是我们常常会试图掩饰它，而不是用难得的勇气来面对我们的缺陷。

海伦·凯勒是位全世界都知道的盲人作家，她是如何站在信念的天平上的呢？换句话说，当她的生理和生存开始面临不幸的时候，她是如何成大事的呢？

海伦刚出生时，是个正常的婴孩，能看，能听，也会咿呀学语。可是，一场疾病使她变得既盲又聋又哑——那时她才19个月大。

生理的剧变，令小海伦性情大变，稍不顺心，她便会乱敲乱打，野蛮地用双手抓食物塞入口里。若被试图纠正，她就会在地上打滚乱嚷乱叫，简直是个十恶不赦的"小暴君"。父母在绝望之余，只好将她送至波士顿的一所盲人学校，特别聘请一位老师照顾她。

所幸的是，小海伦在黑暗的悲剧中遇到了一位伟大的光明天使——安妮·沙莉文女士。沙莉文也是位有着不幸经历的女性。她10岁时，和弟弟两人一起被送进麻省孤儿院，在孤儿院的悲惨生活中长大。由于房间紧缺，幼小的姐弟俩只好住进放置尸体的太平间。在卫生条件极差又贫困的环境中，幼小的弟弟6个月后就夭折了。她也在14岁时得了眼疾，几乎失明。后来，她被送到帕金斯盲人学校学习凸字和指语法。

既聋又哑且盲的少女，初次领悟到语言的喜悦时，那种令人感动的情景实在难以描述。海伦曾写道："在我初次领悟到语言存在的那天晚上，我躺在床上，兴奋不已，那是我第一次希望天亮——我想再没有其他人可以感觉到我当时的喜悦吧。"

就是这位失明的海伦，凭着触觉——指尖去代替眼和耳——学会了与外界沟通。她10岁多一点时，名字就已传遍全美，成为残疾人士的模范——一位真正的由弱而强的人。

1893年5月8日，是海伦最开心的一天，这也是电话发明者贝尔博士值得纪念的一日。贝尔博士在这一日成立了他那著名的国际聋人教育基金会，而为会址奠基的正是13岁的小海伦。

海伦·凯勒也曾经彷徨痛苦过，但她终究是位不平凡的女性，因为她已能够坦然面对不幸的遭遇，缺陷已不再是她关注的焦点。

小海伦成名后，并未因此而自满，她继续孜孜不倦地接受教育。1900年，这个20岁的残疾女孩学会了指语法、凸字及发声，并通过这些手段获得超过常人的知识，进入了哈佛大学莱德克利芙学院学习。她说出的第一句话是："我已经不是哑巴了！"她发觉自己的努力没有白费，兴奋异常，不断地重复说："我已经不是哑巴了！"4年后，她作为世界上第一个受到大学教育的盲聋哑人，以优异的成绩毕业。海伦不仅学会了说话，还学会了用打字机著书和写稿。

坦然面对自己缺陷的人是强者，也是智者，他们摒弃了不必要的自欺欺人，选择从容与毫不畏惧的态度，于是幸运才会降临到他们的身上。

高情商的人能将自己有限的天赋发挥到极致，罗斯福就是一个典型的例子。奥利弗·万德尔·劳尔姆斯认为罗斯福"智力一般，但极具人格魅力"。罗斯福之所以能当上美国总统，带领美国走出经济萧条，在第二次世界大战中成为真正的赢家，与他积极乐观的性格有着极大的关系。

罗斯福其貌不扬，在智力上也没有过人之处，因此他小时候是个怯懦的孩子。当他在课堂上被叫起来背诵时，总是一副大难临头的样子，呼吸急促，嘴唇颤抖，声音含糊不清，听到老师让他坐下，简直如获大赦。通常，像他这种先天禀赋较差的孩子大多是敏感多疑、落落寡合的。但罗斯福却不甘做一个生活的失败者，他没有因为同学的嘲笑而失去勇气，当他在公众面前双唇发抖时，他总是暗中激励自己，咬紧牙关，尽力克服这一毛病。

罗斯福无疑是一个了解自己、敢于面对现实的人，他坦然承认自己的种种缺陷，承认自己不勇敢、不好看，也不比别人聪明，但他并不因此而消沉、自卑，凡是他意识到的缺点他都尽力克服，用行动证明先天的缺陷并不能阻碍他走向成功。他深知作为一个总统，在公众心目中的形象有多么重要，他学会了在说话时改变口型来修饰自己的龅牙。

罗斯福用他的勇敢与才华征服了世界，从此历史上多了一位自信而从容的伟人，少了一个自卑、颓丧的少年。

◆ 接受不完美的自我

俗话说"金无足赤，人无完人"，每个生命个体都不可能是完美无瑕的。如果我们抱着寻找完美的自己的态度，那生活将会一团糟。

下面这个例子是美国心理学家纳撒尼雨·布兰登的亲身经历：

在很多年前，正值花样年华的洛蕾丝无意中读了他的一本书，找他来进行心理治疗。洛蕾丝有一副天使般的面孔，可骂起街来却粗俗不堪，她曾吸毒、卖淫。

布兰登说，我讨厌她所做的一切，可我又喜欢她，不仅因为她的外表相当漂亮，而且因为我确信在堕落的表象下她是个出色的人。起初，我用催眠术使她回忆她在初中是个什么样的女孩子，当时她很聪明，学习成绩优秀；她在体育上比男孩强，招惹来一些人的讽刺挖苦，连她哥哥也怨恨她。

她于是力图在各个方面都表现得超人一等，一旦发现自己在某些方面并不完美甚至跟别人还有较大差距时，她又走向另一个极端，无限夸大了这些不完美之处，并把自己的长处也放弃了。

布兰登费了很大力气让她明白，每个人都是长短互济，并不完美的整体，应该学会欣赏自己的不完美之美。

一年半后，洛蕾丝考取洛杉矶大学学习写作，几年后成为一名记者，并结了婚。10年后的一天，布兰登和她在大街上邂逅，布兰登几乎认不出她了：衣着高贵，神态自若，生气勃勃，丝毫不见过去的创伤。

一些总感到自己不如人的人都是没有看到自己长处的人，老爱拿自己之短比别人之长。要知道，事实上你的一些缺陷却有可能成就你。

有一个10岁的小男孩，在一次车祸中失去了左臂，但是他很想学柔道。

最终，小男孩拜一位日本柔道大师做了师傅，开始学习柔道。他学得不错，可是练了3个月，师傅只教了他一招，小男孩有点弄不懂了。

他终于忍不住问师傅："我是不是应该再学学其他招数？"

师傅回答说："不错，你的确只会一招，但你只需要会这一招就够了。"

小男孩并不是很明白，但他很相信师傅，于是就继续照着练了下去。

几个月后，师傅第一次带小男孩去参加比赛。小男孩自己都没有想到居然轻轻松松地赢了前两轮。第三轮稍稍有点艰难，但对手还是很快就变得有些急躁，连连进攻，小男孩敏捷地施展出自己的那一招，又赢了。就这样，小男孩迷迷糊糊地进入了决赛。

决赛的对手比小男孩高大、强壮许多，也似乎更有经验。开始，小男孩显得有点招架不住，裁判担心小男孩会受伤，就叫了暂停，还打算就此终止比赛。然而师傅不答应，坚持说："继续比赛！"

比赛重新开始后，对手放松了戒备，小男孩立刻使出他的那招，制服了对手，由此赢了比赛，得了冠军。

回家的路上，小男孩和师傅一起回顾每场比赛的每一个细节，小男孩鼓起勇气道出了心里的疑问："师傅，我怎么就凭一招就赢得了冠军？"

师傅答道："有两个原因：第一，你几乎完全掌握了柔道中最难的一招；第二，就我所知，对付这一招唯一的办法是抓住你的左臂。这样，你左臂的缺失反而成了你最大的优势。"

有的时候，人的某方面缺陷未必就是劣势，只要善加利用，或者扬长避短，劣势也会转化成优势。

在这方面，伊笛丝的经历或许对每个人都有所启示。

伊笛丝从小就特别敏感而腼腆，她的身体一直太胖，而她的一张脸使她看起来比实际还胖得多。伊笛丝有一个很古板的母亲，她认为把衣服弄得漂亮是一件很愚蠢的事情，她总是对伊笛丝说："宽衣好穿，窄衣易破。"母亲也总是这样来帮伊笛丝穿衣服。伊笛丝从来不和其他的孩子一起做室外活动，甚至不上体育课。她非常害羞，觉得自己和其他人都"不一样"，完全不讨人喜欢。

长大之后，伊笛丝嫁给一个比她大好几岁的男人，可是她并没有改变。她丈夫一家人都很好，对她充满信心。伊笛丝尽最大的努力要像他们一样，可是她做不到。他们为了使伊笛丝开朗而做的每一件事情，都只会令她更退缩到她的壳里去。伊笛丝变得紧张不安，躲开了所有的朋友，情形坏到她甚至怕听到门铃响。伊笛丝知道自己是一个失败者，又怕她的丈夫会发现这一点。所以每次他们出现在公共场合的时候，她假装很开心，结果常常做得太过分，事后，伊笛丝又会为这个难过好几天。最后不开心到使她觉得再活下去也没有什么意义了，伊笛丝开始想自杀。

后来，是什么改变了这个不快乐的女人的生活呢？只是一句随口说出的话。

随口说出的一句话，改变了伊笛丝的整个生活。有一天，伊笛丝的婆婆正在谈她怎么教养她的几个孩子，她说："不管事情怎么样，我总会要求他们保持本色。"

"保持本色！"就是这句话！在一刹那间，伊笛丝才发现自己之所以那么苦恼，就是因为她一直在试着让自己适合于一个并不适合自己的模式。

伊笛丝后来回忆道："在一夜之间我整个改变了。我开始保持本色，我试着研究我自己的个性、自己的优点，尽我所能去学色彩和服饰方面的知识，尽量以适合我的方式去穿衣服，主动地去交朋友。我参加了一个社团组织——起先是一个很小的社团——他们让我参加活动，使我吓坏了。可是我每发一次言，就增加一点勇气。今天我所有的快乐，是我从来没有想到可能得到的。在教养我自己的孩子时，我也总是把我从痛苦的经验中所学到的教给他们：'不管事情怎么样，总要保持本色。'"

我们也许无法选择自己的家庭出身和自己的外形，但我们始终有一样别人无法剥夺的东西,那是上天赐予每个子民公平的礼物——你可以选择用怎样的心情来对待生活中的一切。

第 2 节　自我认知的途径

◆ 反省助你破译自我魔镜

爱因斯坦小时候是个十分贪玩的孩子,他的母亲常常为此忧心忡忡,再三的告诫对他来讲如同耳边风。到 6 岁的那年秋天,一天上午,父亲将正要去玩的爱因斯坦拦住,并给他讲了一个故事,正是这个故事改变了爱因斯坦的一生。

"昨天,"爱因斯坦的父亲说,"我和咱们的邻居杰克大叔去清扫南边工厂的一个大烟囱。那烟囱只有蹬踏梯才能上去。你杰克大叔在前面,我在后面扶着扶手,一阶一阶地终于爬上去了。下来时,你杰克大叔仍旧走在前面,我还是跟在他的后面。后来钻出烟囱,人们发现了一个奇怪的事情:你杰克大叔的后背、脸上都被烟囱里的烟灰蹭黑了,而我身上竟连一点烟灰也没有。"

爱因斯坦的父亲继续微笑着说:"我看见你杰克大叔的模样,心想我肯定和他一样,脸脏得像个小丑,于是到附近的小河里去洗了又洗。而你杰克大叔呢,他看我钻出烟囱时干干净净的,就以为他也和我一样干净,于是就只草草洗了洗手就大模大样上街了。结果,街上的人都笑痛了肚子,还以为你杰克大叔是个疯子呢。"爱因斯坦听罢,忍不住和父亲一起大笑起来。父亲笑完了,郑重地对他说:"其实,谁也不能做你的镜子,只有自己才是自己的镜子。拿别人做镜子,白痴也会把自己照成天才的。"

爱因斯坦听了,顿时满脸愧色。从那以后,爱因斯坦逐渐离开了那群顽皮的孩子,他时时用自己做镜子来审视和映照自己,终于映照出了他生命的独特光辉。

自己的那面镜子就是"反省",或者称为"自省"。

人的很多迷惑和苦难都是不自知的结果。比如人类的眼睛演化的结果是只能朝外看,看得见别人身上的瑕疵,却看不到自己身上的斑点。为了看见自己,人类发明了镜子,但镜子只能照出人的外貌,却看不见人的内心。要看见更真实的自己，我们就要利用一面能照出内在自我的魔镜——内省。

林肯诚恳地说过："我相信自己绝不至于老到不能说话时，仍能大言不惭。"他随时愿意承认自己的错误，使他赢得了共事者的尊敬和亲善。当他在南北战争中对葛兰脱将军的挺进方向判断错误时，立刻写信说："我现在想私下向你承认，你对了，我错了。"

一位教授曾经说："如果我对一件事情的处理方法不奏效，那么我相信我必定还有许多东西还未学会。可能我需要求助于别人，或是事情的后续发展会告诉我如何解决。不管如何，我首先得肯承认自己的错误，然后才能找到答案。"

的确，肯反省的人，才有自我超越的可能。

中外历史上许多杰出的人物都曾进行深入、细致、全面的自我分析。孔子的学生曾参说："吾日三省吾身，为人谋而不忠乎？与朋友交而不信乎？传不习乎？"只有进行自省，才能了解自己，对自己进行正确的认知和评价。也只有这样，才能扬长避短，驾驭情绪，让自己的人生道路少些坎坷，多些收获。

20世纪80年代初，艾科卡励精图治，把克莱斯勒公司从颓势中解救出来，创造了"反败为胜"的神话。分析家认为，其中关键的一条，就是整个管理层痛定思痛，及时调整发展战略，坚忍不拔，共同努力所致。

上任不久，针对公司不景气状况，艾科卡发起了一场"反思周"活动。周末，公司的许多上层管理人员来到户外，他们聚集在疗养所里，彻底地反省自己。疗养所清幽的环境可以让每个人都静下心来，彻底地思考所犯的错误。一位管理人员回忆说："每个人都感到强烈的不安，大家把公司的生意看得很重，希望自己能为它的振兴效力，并为它自豪。"

"反思周"归来，公司又派出25名管理人员外出取经，学习人家如何增加企业凝聚力，提高职员素质的经验。同时，解雇一些不懂行、不称职的管理人员。这样做，意味着公司精简机构，避免了派系之间不协调。艾科卡本人意识到，自己对下属发指令性命令是不对的，他主动地下放管理权。

自我省察不仅仅是对自己的缺点的勇于正视，它还包括对自己的优点和潜能的重新发现。

认识了自己，你就是一座金矿，你就能够在自己的人生中展现出应有的风采。认识了自我，你就成功了一半。

勇士称号不仅属于手执长矛、面对困难所向无敌的人，而且属于敢于用锋利的解剖刀解剖自己、改造自己，使自己得到升华和超越的人。

自省是自我动机与行为的审视与反思，用以克服自身缺陷，以达到心理上的健康完善。它是自我净化心灵的一种手段，情商高的人最善于通过自省来了解自我。

自省是现实的，是积极有为的心理，是人格上的自我认知、调节和完善。自省同自满、自傲、自负相对立，也根本不同于自悔、自卑这种消极病态的心理。

从心理上看，自省所寻求的是健康积极的情感、坚强的意志和成熟的个性。它要求消除自卑、自满、自私和自弃，消除愤怒等消极情绪，增强自尊、自信、自主和自强，培养良好的心理品质。

自省者审视自我，使个性心理健康完善，摆脱低级情趣，克服病态畸形，净化心灵。自省有助于强者人格的完善和良好心理品质的培养，同时也成为强者的特征之一。

强者在自省中认识自我，在自省中超越自我。自省是促使强者塑造良好心理品质的内在动力。

自我省察对每一个人来说都是严峻的。要做到真正认识自己，客观而中肯地评价自己，常常比正确地认识和评价别人要困难得多。能够自省自察的人，是有大智大勇的人。

哲学家亚里士多德认为，对自己的了解不仅是最困难的事情，而且也是对人最残酷的事情。

自省不是要找到自己的不足来打击自信心，而是通过这样的方式来改进并完善自己。曾国藩一生坚持写"自省日记"，每天记下自己做了哪些事，哪些做得不好、哪些做得出色，他用这样的自省方式来激励自己不断向目标迈进。

圣人也罢，伟人也罢，他们都会自省，我们何不也用这种方法来认识自己呢？

◆ 从他人的眼中看自己

唐朝著名大臣魏徵的死讯传到李世民耳中时，李世民痛哭流涕地说，"朕失去了一面镜子"。他人是我们的一面人生之镜，因为自我认识的时候难免带有个人主观色彩，这样的评价就会有失偏颇。苏东坡有句诗叫作"不识庐山真面目，只缘身在此山中"，用在情商上面就是关于自我认识的局限性的问题。人之所以"不识庐山真面目"——不能正确、准确、精确识别自己，就是因为当局者迷。如何借助"旁观者清"的力量来剖析自己，是完善自我认识所必需的。

苏东坡与佛印禅师是很好的朋友。有一天，他和佛印禅师一起坐禅。
苏东坡说："大师，你看我坐在这里像什么？"
"看来像一尊佛。"佛印说。
苏东坡讥笑着说："但我看你倒像一堆大便！"
苏东坡回到家后，满心得意地对苏小妹炫耀自己是如何占了佛印禅师的便宜。谁料苏小妹不仅没有赞同他的说法，反而说出这么一番话：
"因为自己是佛，看别人也会像佛；自己是大便，看别人也会像大便。"

了解周围经常与你接触的人对你的评价，是一个人了解自己的重要途径。你可以邀请父母或者其他经常与你在一起的人用一些形容词描述你的特点。

不过，他人对你的看法，是供你作参考的。有时候，我们会发现来自他人的破坏性批评会对你有不利的影响，这时就需要你认真分辨，小心"巴奴姆效应"，不要让一些错误的评价影响你对自己的信心。

心理学家把人们乐于接受一种概括性性格描述的现象称为"巴奴姆效应"。你平时所了解的所谓"星座"与性格的预测，乃至各种"算命"的解释也就是利用了这种效应。

"巴奴姆效应"一方面揭示了我们的认知心理特点，另一方面也迎合了我们认识自己的欲望。事实上，认识别人难，认识自己更难。

有一位漂亮的长发公主，自幼被巫婆关在一座高塔里，巫婆每天对她说："你的样子丑极了，见到你的人都会害怕。"公主相信了巫婆的话，怕被别人嘲笑，不敢逃走。直到有一天一位王子经过塔下，赞叹公主貌美如仙，并救出了她。

其实，囚禁公主的不是什么高塔，也不是什么巫婆，而是公主认为"自己很丑"的错误认识。我们或许也正被他人所蒙蔽，比如父母、老师说你笨，没有前途，你也就相信了，其实这不正如那位公主吗？

有一个发生在非洲某国的真实故事。那个国家的白人政府实施"种族隔离"政策，不允许黑人进入白人专用的公共场所。白人也不喜欢与黑人来往，认为他们是低贱的种族，避之唯恐不及。

有一天，一个长发的白人姑娘在沙滩上做日光浴，由于过度疲劳，她睡着了。当她醒来时，太阳已经下山了。此时，她觉得肚子饿，便走进沙滩附近的一家餐馆。

她推门而入,选了张靠窗的椅子坐下。她坐了约 15 分钟,没有侍者前来招待她。她看着那些招待员都忙着招待比她来得还迟的顾客,对她则不屑一顾,她顿时怒气满腔,想走向前去责问那些招待员。

当她站起身来,正想向前时,眼前有一面大镜子。她看着镜中的自己,眼泪不由夺眶而出。

原来,她已被太阳晒黑了。此时,她才真正体会到黑人被白人歧视的滋味!

那位白人姑娘能体会到被人歧视的滋味,在于通过"他人"的体验。尽管这个"他人"还是她自己,但由于身份的变换,使得她跳出了"当局者迷"的圈子,第一次真正意识到平时自己看不清的问题。

曾担任微软全球副总裁的李开复在给大学生的信中,讲述了这么一件事情:

我的下属中有一个"自觉心"明显不足的人:他虽然有一些能力,但是他自视甚高,总是对自己目前的职位不满意,随时随地自吹自擂,总是不满现状。前一段时间,他认为我不识才,没有重用他,决定离开我的组,并期望在微软其他组中另谋高就。但是,他最终发现,自己不但找不到更好的工作,公司里的同事也都对他颇有微词,认为他缺少自知之明,期望和现实相距太远。最近,他沮丧地离开了公司。接替他职位的人,是一个能力很强,而且很有"自觉心"的人。虽然这个人在上一个职位工作时不很成功,但他理解自己升迁太快,愿意自降一级来做这份工作,以便打好基础。他现在的确做得很出色。

李开复对他的下属的评价,如果该下属能够有幸看到,那么他也就借助了李开复的力量,达到"旁观者清",以便认识自己。

许多人看不清自身的缺陷与自私自利的品德,但也有的人恰恰相反,他看不到自身的优势和优秀的品质。

有一个女孩总是怀疑自己的能力,情绪显得自卑和胆怯。

直到有一天她无意中听到别人评价她"很有能力,相当出色",这才令她恍然大悟,从此对自己多了一份自信。

在自我认识的时候,想做到客观、全面,就必须通过他人的眼睛观测自己,有则改之,无则加勉。但切忌不要完全依赖他人,陷入一个不够自信、没有主见的沼泽。

◆ 另一个旁观的自我

对自己不恰当的分析或对自己的整个心理产生的错觉会引起心理和行为上的一系列的变化:或自高自大,目空一切;或自暴自弃,妄自菲薄。这对一个人的生存与发展极为不利,对学习、工作和生活也有很大的妨碍。一个人如若自高自大,就会使自己的发展停滞不前,甚至后退,而自暴自弃则永远失败。心理学家的研究表明,如果因为错误地评价自己而使自己的潜能得不到充分发挥,埋没了自己,那么就会处于自卑感和失败感控制之下。长此以往,就会变得胆小、退缩,形成消极的情绪和性格,最终导致心理疾病。所以,一个具有健康情绪的人,必须学会正确认识自己。

有一位老师,常常教导他的学生说:人贵有自知之明,做人就要做一个自知的人。唯有自知,方能知人。有个学生在课堂上提问道:"请问老师,您是否知道您自己呢?"

是呀,我是否知道我自己呢?老师想,"嗯,我回去后一定要好好观察、思考、了解一下我自己的个性,我自己的心灵。"

回到家里,老师拿来一面镜子,仔细观察自己的容貌、表情,然后再来分析自己的个性。

首先,他看到了自己亮闪闪的秃顶。"嗯,不错,莎士比亚就有个亮闪闪的秃顶。"他想。

他看到了自己的鹰钩鼻。"嗯,英国大侦探福尔摩斯——世界级的聪明大师就有一个漂亮的鹰钩鼻。"他想。他看到自己的大长脸。"嗨!大文豪苏轼就有一张大长脸。"他想。他发现自己个子矮小。"哈哈!鲁迅个子矮小,我也同样矮小。"他想。他发现自己具有一双大脚。"呀,卓别林就有一双大脚!"他想。于是,他终于有了"自知"之明。

"古今中外名人、伟人、聪明人的特点集于我一身,我是一个不同于一般的人,我将前途无量。"第二天,他对他的学生说。

尼采曾经说过:"聪明的人只要能认识自己,便什么也不会失去。"正确认识自己,才能使自己充满自信,人生的航船不迷失方向。正确认识自己,才能正确确定人生的奋斗目标。只有有了正确的人生目标,并充满自信,为之奋斗终生,才能此生无憾。即使不成功,自己也会无怨无悔。

但是,精确地认识自己并不是一件容易的事情。人们常说:旁观者清。这是因为了解外界的事物需要的是观察力、推理能力和分析能力,这些属于智商范畴,并不太受情商的影响,只是经常被运气所左右。而认识自己,就需要较高的情商。

人在开始准备了解自己之前,都对自己怀有各种期望,如果在了解自己的过程中,发现自己的能力不及自己的期望,自然会产生失望的情绪,从而低估自己的其他能力。相反的,如果在了解自己的过程中,发现自己的能力远远超出自己的期望,自然也会产生惊喜的情绪,从而高估了自己的其他能力。只有情商高的人,善于控制自己的情绪,才能在平和的心态中对自己进行精确地评估。

著名作家威廉·史泰隆在自述严重抑郁的心境时,有十分生动的描述:"我感觉似乎有另一个自我与我相随——一个幽魂的旁观者心智清明如常,无动于衷,带着一丝好奇,旁观我的痛苦挣扎。"有些人在自我体察时,的确对激昂或困扰的情绪了然于胸,从自身的体验向旁迈开一步,仿佛另一个自我在半空中冷静旁观。

"我在愤怒面前不能自已了!"有人这样描述自己当时的情绪。

在这种场景中有两个我,一个身临其境怒火中烧的我,一个旁观的我。"旁观的我"以局外人的身份来观察自己,来评判自己的情绪。这个时候他与自己之间存在某种程度的距离,是以一种鸟瞰的方式来打量自己,与自我保持一定的距离,能够更清楚地了解那个潜在的我,了解自己真实的情绪。

每当你受到刺激需要发泄时,便可试着先强制自己冷静,然后在脑子里迅速地幻想出一个内心的旁观者。这个人可以是潜在的自我,也可以是另外一个人,想象他就在你旁边,他在注视着你的表演,看你如何发泄不满,而他的内心正在嘲笑你。这时你便会觉得自己的行为有多么的不理智,你就会重新审视自己的行为,从而懂得一个正确的处理办法。

纪伯伦在其作品里讲了一只狐狸觅食的故事——狐狸欣赏着自己在晨曦中的身影说:"今天我要用一只骆驼做午餐!"整个上午,它奔波着,寻找骆驼。但当正午的太阳照在它的头顶时,它再次看了一眼自己的身影,于是说:"一只老鼠也就够了。"狐狸之所以犯了两次截然不同的错误,与它选择"晨曦"和"正午的阳光"作为镜子有关。晨曦不负责任地拉长了它的身影,使它错误地认为自己就是万兽之王,并且力大无穷、无所不能,而正午的阳光又让它对着自己已缩小了的身影忍不住妄自菲薄。

不能很好地认识自己的人,千万别忘记了上帝为我们准备了另外一面镜子,这面镜子就是"反躬自省"四个字。它可以映射出落在心灵上的尘埃,提醒我们"时时勤拂拭",认识真实的自己。

第3章

管理自我：
掌握自己的命运之舵

第1节 控制自我的必要

◆ 情绪是种"传染病"

某公司董事长为了重整公司内务，表示自己将早到晚归，并针对员工上班迟到的问题下了一道命令：以后谁迟到，就扣谁的奖金！可是偏偏在这一命令生效的第一天，董事长就由于上班途中闯红灯被扣住了，不仅挨了罚，而且自己"首先"迟到了。他一肚子无明火不知道朝谁发，正在办公室里生闷气时，恰好一名主管向他请示工作，董事长便把一肚子无明火朝主管发，这名主管被骂得一头雾水。主管带着一肚子火回到部门，秘书来请示问题，主管又把秘书当成了出气筒。秘书不知道为什么挨了一顿骂，把一股恶劣情绪带回家，这时她儿子扑进怀里撒娇，秘书把儿子往旁边一推，喋喋不休地责骂起儿子来。儿子受了委屈，只能向更弱者发火，正好这时小猫在旁边撒娇，儿子便狠狠踢了小猫一脚。这就是"踢猫效应"。

如果你还觉得情绪只是你个人的事,那可是大错特错了,因为情绪确实是种"传染病"。你的正面情绪,如热情、开心等可带给人们同样的欣欣鼓舞;反之,你绷着一张脸,或怒发冲冠,那受到影响的除了你自己的身心之外,还有他人。

俄亥俄州大学社会心理生理学家约翰·卡西波指出,人们之间的情绪会互相感染,看到别人表达的情感,会引发自己产生相同的情绪,尽管你并未意识到在模仿对方的表情。这种情绪的鼓动、传递与协调,无时无刻不在进行,人际关系互动的顺利与否,便取决于这种情绪的协调。

越战初期,一个排的美国士兵在一处稻田与越军激战,这时,突然出现了六个和尚,他们排成一列走过田埂,毫不理会猛烈的炮火,十分镇定地一步步穿过战场。

美国兵大卫·布西回忆道:"这群和尚目不斜视地笔直走过去,奇怪的是竟然没有人向他们射击。他们走过去以后,我突然觉得毫无战斗情绪,至少那一天是如此。其他人一定也有同样的感觉,因为大家不约而同停了下来,就这样休兵一天。"

这些和尚的处变不惊,竟浇熄了激战正酣的士兵的战火,这正显示人际关系的一个基本定理:情绪会互相感染。

良好的情绪会带给周围人无尽的欢乐。如果我们仔细回想一下,一定能够想得到许多因良好情绪而感染我们的例子。比如某小区的物业人员总是真诚、友善地和你道一句:"你好!""再见!"之类的话语,你可能本来因忙碌而觉得心烦,但一听到他人的问候、看到他人的笑脸,你的内心也会绽放出一枝花来。许多经常来往的人会互相影响,也是基于这样的道理。但如果是坏情绪的传染,有时会带来毁灭性的灾难。

这一点读过《三国演义》的人都会了解,张飞的命运以及蜀国的前程都受到过"情绪"的影响。

张飞得知关羽被东吴杀害后,陷入了极度悲痛之中,他"旦夕号泣,血湿衣襟"。刘、关、张桃园结义,手足之情极为深厚,如今兄长被害,张飞的悲痛也算是一种正常的情绪反应。但他在悲痛之中丧失了起码的理智,任由此种不利情绪发展,并深深感染了刘备,不仅给自己招来杀身之祸,也极大地损害了三人为之奋斗的事业。刘备得知关羽为东吴所害,悲愤之下准备出兵伐吴,赵云向刘备分析当时的形势:"国贼乃曹操,非孙权也。今曹丕篡汉,神人共怒,陛下可早图关中……若舍魏以伐吴,兵势一交,岂能骤解……汉贼之仇,公也;兄弟之仇,私也。愿以天下为重。"赵云所主张的先公后私，就是一种理智的选择。若听任自己情绪的指挥，当然要先为关羽报仇雪恨；若从光复汉室的大局着想，则应以伐魏为先。刘备在诸葛亮的苦劝之下，好不容易"心中稍回"，却被张飞无休止的号哭弄得又起伐吴之心。

张飞痛失兄长，恨不得立刻到东吴杀个血流成河，他"每日望南切齿睁目怒恨"。由于报仇心切，一腔怨怒无处发泄，在不知不觉之间把怒气出到了自己人头上，"帐上帐下，但有犯者即鞭挞之；多有鞭死者"，他的情绪失控到了杀自己人出气的地步，并传染给身边的每一个人。

张飞的情绪失控，不仅使自己，也使刘备在理智与情绪的抗衡中败下阵来，冲动地做出了出兵东吴的错误决定，结果使蜀汉的力量在这场战争中大大削弱，为蜀汉的衰落埋下了伏笔。

当一个人的怨恨到了丧失理智的地步时，他去伤害别人或被别人伤害也就在情理之中了。张飞向手下将士发出了"限三日内制办白旗白甲，三军披孝伐吴"的命令，根本不考虑手下能否在那么短的期限内完成任务。当末将范疆、张达为此感到犯难时，张飞不由分说，将二人"缚于树上，各鞭背五十"，"打得二人满口出血"，还威胁道："来日俱要完备！若违了限，即杀汝二人示众！"

刘备得知张飞鞭挞部属之事，曾告诫他这是"取祸之道"，说明刘备也认识到了张飞丧失理智背后隐藏的危险。然而张飞仍不警醒，不给别人留任何退路，连"兔子急了也咬人"的道理都忘到了脑后。最后，范疆、张达无法可想，只好拼个鱼死网破，趁张飞醉酒，潜入帐中将其刺死。

由于张飞不善于控制自己的负面情绪，尽管他有勇猛、豪爽、忠义之名，却不受部属的拥戴。作为一员大将，没有战死沙场，却死于自己人之手，这的确是负面情绪酿成悲剧的一个典型例子。

情绪的感染通常是很难察觉的，这种交流往往细微到几乎无法察觉。专家做过一个简单的实验，请两个实验者写出当时的心情，然后请他们相对静坐等候研究人员到来。

两分钟后，研究人员来了，请他们再写出自己的心情。这两个实验者是经过特别挑选的，一个极善于表达情感，一个则是喜怒不形于色。实验结果，后者的情绪总是会受前者感染，每一次都是如此。

这种神奇的传递是如何发生的？

人们会在无意识中模仿他人的情感表现，诸如表情、手势、语调及其他非语言的形式，从而在心中重塑自己的情绪。这有点像导演所倡导的表演逼真法，要演员回忆产生某种强烈情感时的表情动作，以便重新唤起同样的情感。

同样，你听同一首歌，在家听的感受与到演唱会现场去听，结果肯定是大相径庭，因为你在现场情绪受到了感染。

认识到情绪这种特殊的"传染病"，我们就要重视它，并积极利用正面情绪，克制、舒缓负面情绪，这样才能拥有赢得成功的品质。

与其一天到晚怨天怨地，说自己多么不幸福，不如从改变自己的情绪个性来改变命运。

没有人是天生注定要不幸福的，除非你自己关起心门，拒绝幸福之神来访。千万不可做个喜怒无常的人，让自己的心理状态完全被情绪左右，那样伤害的不只是别人，你自己也会因此失去拥有幸福的机会。

一个周末的傍晚，凯勒在后阳台上整理白天拿出来曝晒的旧书，正巧看见与他相隔一条防火巷的邻居在阳台上洗碗。邻居动作十分利落，水声与碗盘声铿锵作响，像发自她内心深处的不平与埋怨。这时候，她丈夫竟从客厅端来一杯热茶，双手捧到她面前。

这感人的画面，差点使人落泪。

为了不惊扰他们，凯勒轻手轻脚地收起书本往屋里走。正要转身时，听到那天生与幸福无缘的女人回赠那同样无缘幸福的男人："别在这里假好心啦！"

丈夫低着头又把那杯茶端回屋里。那杯热茶一定在瞬间冷却了，像他的心。

邻居继续洗碗，边洗边抱怨："端茶来给我喝？少惹我生气就行了。我真是苦命啊！早知道结婚要这么做牛做马，不如出家算了。"凯勒想，以后丈夫绝不会再自找没趣了吧。

也许妻子需要的不是一杯热茶，而是来分担她的家务。但是，在丈夫对她献殷勤的时候，实在没有必要把情绪发泄到对方身上，这样只会让事态往更坏的方向发展，而自己的负担也不会因此而有半点的减轻。

◆ 情绪化将扼杀你的幸福

一时的情绪化，常常是你自身幸福的杀手。

众所周知《红楼梦》里的泪人儿林妹妹就是个极端情绪化的人。她多愁善感的个性使得她忽喜忽悲，一会儿涕泪纵横，一会儿又满腹欢喜，这让她原本就柔弱的身体更加憔悴。身体的不适也会令她伤春悲秋，如此循环往复竟造成了最终的悲剧。也许就是因其过分情绪化的表现掐断了她通往幸福的道路，因为王夫人等是不会让一个情绪多变的人来接掌贾府的，必然是选择性情老成持重的薛宝钗。林妹妹的多愁善感甚至掩盖了她技压群芳的才华，在面临"择媳"的事件上，她不是输给了宝钗，而是输给了自己的情绪化。

反之，一个会控制自己情绪的人即使面对困境，也依然会获得幸福。

1939年，德国军队占领了波兰首都华沙，此时，卡亚和他的女友迪娜正在筹办婚礼。卡亚做梦都没想到，他和其他犹太人一样，在光天化日之下被纳粹推上卡车运走，关进了集中营。卡亚陷入了极度的恐惧和悲伤之中，在不断的摧残和折磨中，他的情绪极其不稳定，精神遭受着痛苦的煎熬。

一同被关押的一位犹太老人对他说："孩子，你只有活下去，才能与你的未婚妻团聚。记住，要活下去。"卡亚冷静下来，他下定决心，无论日子多么艰难，一定要保持积极的精神和情绪。

所有被关在集中营的犹太人，他们每天的食物只有一块面包和一碗汤。许多人在饥饿和严酷刑罚的双重折磨下精神失常，有的甚至被折磨致死。卡亚努力控制和调适着自己的情绪，把恐惧、愤怒、悲观、屈辱等抛之脑后，虽然他的身体骨瘦如柴，但精神状态却很好。

5年后，集中营里的人数由原来的4000人减少到不足400人。纳粹将剩余的犹太人用脚镣铁链连成一长串，在冰天雪地的隆冬季节，将他们赶往另一个集中营。许多人忍受不了长期的苦役和饥饿，最后死于茫茫雪原之上。在这人间炼狱中，卡亚奇迹般地活下来。他不断地鼓舞自己，靠着坚韧的意志力，维持着衰弱的生命。

1945年，盟军攻克了集中营，解救了这些饱经苦难、劫后余生的犹太人。卡亚活着离开了集中营，而那位给他忠告的老人，却没有熬到这一天。

若干年后，卡亚把他在集中营的经历写成一本书。他在前言中写道："如果没有那位老者的忠告，如果放任恐惧、悲伤、绝望的情绪在我的心间弥漫，很难想象，我还能活着出来。"

是卡亚自己救了自己，是他用积极乐观的情绪救了自己。

与卡亚不同的是，总有许多人不停地抱怨命运的不公，自己付出了辛劳的汗水，得到的却是失败和痛苦。究其原因，是因为他们不会调节自己的情绪。

过度的情绪化除了带给人不快乐的情绪，更多的则是与成功无缘。情绪化会让你周围的人认为你喜怒无常，不敢委以重任或信赖你，因为你显得不够成熟。

情绪化还会让你丧失判断力，冲动之下说出错话，做出错误的决定。

总之，如果你想获得生活的幸福与美满，或者事业的成功与辉煌，那么你就要避免情绪化。

◆ 控制自我是能力的体现

20世纪60年代早期的美国，有一位很有才华、曾经做过大学校长的人，竞选美国中西部某州的议会议员。此人资历很高，又精明能干、博学多识，非常有希望赢得选举的胜利。

但是，一个很小的谎言散布开来：3年前，在该州首府举行的一次教育大会上，他跟一位年轻的女教师"有那么一点暧昧的行为"。这其实是一个弥天大谎，而这位候选人不能控制自己的情绪，他对此感到非常愤怒，并尽力想要为自己辩解。

由于按捺不住对这一恶毒谣言的怒火，在以后的每次集会中，他都要站起来极力澄清事实，证明自己的清白。

其实，大部分选民根本没有听到或过多地注意这件事，但是，现在人们却越来越相信有那么一回事了。公众们振振有词地反问："如果你真是无辜的，为什么要为自己百般狡辩呢？"

如此火上加油，这位候选人的情绪变得更坏，他气急败坏、声嘶力竭地在各种场合为自己辩解，以此谴责谣言的传播者。然而，这更使人们对谣言确信不疑。最悲哀的是，连他的太太也开始相信谣言了，夫妻之间的亲密关系消失殆尽。

最后，他在选举中败北，从此一蹶不振。

控制自我情绪是一种重要的能力，也是一种难能可贵的艺术。一个不懂得控制自我的人，只会任由情绪的发展，使自己有如一头失控的野兽，一旦不小心闯到熙熙攘攘的人群中，则会伤人伤己。

人是群居的动物，不可能总是一个人独处，因此，一旦情绪失控，必将波及他人。控制自我绝对是种必须具备的能力。

传说中有一个"仇恨袋"，谁越对它施力，它就胀得越大，以至于最后堵死我们生存的空间。你打我一拳，我必定想方设法还你两脚，即使是好汉不吃眼前亏，也必当日后补上——大多数人都会这样想。这样做只能使对抗升级而无助于解决问题，更不论是谁对谁错了。

1754 年，身为上校的华盛顿率领部下驻防亚历山大市。当时正值弗吉尼亚州议会选举议员，有一个名叫威廉·佩恩的人反对华盛顿所支持的候选人。据说，华盛顿与佩恩就选举问题展开激烈争论，说了一些冒犯佩恩的话。佩恩火冒三丈，一拳将华盛顿打倒在地。当华盛顿的部下跑上来要教训佩恩时，华盛顿急忙阻止了他们，并劝说他们返回营地。

第二天一早，华盛顿就托人带给佩恩一张便条，约他到一家小酒馆见面。佩恩料定必有一场决斗，做好准备后赶到酒馆。令他惊讶的是，等候他的不是手枪而是美酒。

华盛顿站起身来，伸出手迎接他。华盛顿说："佩恩先生，昨天确实是我不对，我不可以那样说，不过你已然采取行动挽回了面子。如果你认为到此可以解决的话，请握住我的手，让我们交个朋友。"从此以后，佩恩成为华盛顿的一个狂热崇拜者。

我们在钦佩伟人的同时，也要认识到控制自我的重要性。许多伟人之所以能够名垂千古，与他们的从容豁达、宠辱不惊有很大的关系。而芸芸众生也许更多的是任由情绪的发泄，没有利用好控制自我的作用。

新的一届竞选又开始了，一位准备参加参议员竞选的候选人向自己的参谋讨教如何获得多数人的选票。

其中一个参谋说："我可以教你些方法。但是我们要先定一个规则，如果你违反我教给你的方法，要罚款 10 元。"

候选人说："行，没问题。"

"那我们从现在就开始。"

"行，就现在开始。"

"我教你的第一个方法是：无论人家说你什么坏话，你都得忍受。无论人家怎么损你、骂你、指责你、批评你，你都不许发怒。"

"这个容易，人家批评我，说我坏话，正好给我敲个警钟，我不会记在心上。"候选人轻松地答应。

"你能这么认为最好。我希望你能记住这个戒条，要知道，这是我教给你的规则当中最重要的一条。不过，像你这种愚蠢的人，不知道什么时候才能记住。"

"什么！你居然说我……"候选人气急败坏地说。

"拿来，10 块钱！"

虽然脸上的愤怒还没退去，但是候选人明白，自己确实是违反规则了。他无奈地把钱递给参谋，说："好吧，这次是我错了，你继续说其他的方法。"

"这条规则最重要，其余的规则也差不多。"

"你这个骗子……"

"对不起，又是10块钱。"参谋摊手道。

"你赚这20块钱也太简单了。"

"就是啊，你赶快拿出来，你自己答应的，你如果不给我，我就让你臭名远扬。"

"你真是只狡猾的狐狸。"

"又10块钱，对不起，拿来。"

"呀，又是一次，好了，我以后不再发脾气了！"

"算了吧，我并不是真要你的钱，你出身那么贫寒，父亲也因不还人家钱而声誉不佳！"

"你这个讨厌的恶棍。怎么可以侮辱我家人！"

"看到了吧，又是10块钱，这回可不让你抵赖了。"

看到候选人垂头丧气的样子，参谋说："现在你总该知道了吧，克制自己的愤怒，控制情绪并不容易，你要随时留心，时时在意。10块钱倒是小事，要是你每发一次脾气就丢掉一张选票，那损失可就大了。"

一个成功的人必定是有良好控制能力的人，控制自我不是说不发泄情绪，也不是不发脾气，过度压抑会适得其反。良好的控制自我就是不要凡事都情绪化，任由情绪发展，而是要适度控制，这是一种能力的体现。

第2节　管理自我情绪的方法

◆ 学会制怒

曾有智者说过人性中最大的两个弱点是愤怒与欲望。的确，在所有的负面情绪中愤怒是最激烈的一种，并且也是影响最大的一种。愤怒的情绪除了能伤害他人外，更多的反作用力会指向自己。

1943年，第二次世界大战著名将领巴顿在去战后医院探访时，发现一名士兵蹲在帐篷附近的一个箱子上，显然没有受伤，巴顿问他为什么住院，他回答说："我觉得受不了了。"医生解释说他得了"急躁型中度精神病"，这是第三次住院了。巴顿听罢大怒，多少天积累起来的火气一下子发泄出来，他痛骂了那个士兵，用手套打他的脸，并大吼道："我绝不允许这样的胆小鬼躲藏在这里，他的行为已经损坏了我们的声誉！"说完气愤地离开……第二次来，又见一名未受伤的士兵住在医院里，顿时变脸，问："什么病？"士兵哆嗦着答道："我有精神病，能听到炮弹飞过，但听不到它爆炸。"巴顿勃然大怒，骂道："你个胆小鬼！"接着打他耳光："你是集团军的耻辱，你要马上回去参加战斗，但这太便宜你了，你应该被枪毙。"说着抽出手枪在他眼前晃动。很快巴顿的行为传到艾森豪威尔耳中，他说："看来巴顿已经达到顶峰了……"

狂躁易怒的性格，使本有前途的巴顿无法再进一步。面对有心理障碍的士兵，他不是认真了解情况，加以鼓励，而是大打出手，完全失去了一个指挥官应有的风度修养，破坏了自己在人们心目中的形象，因此失去了晋升的机会，"遗憾"之余，让人想起了一句话：性格决定命运。

当我们生气的时候要冷静下来确实有点难度，但如果不控制怒气，只会损失过多。看过著名影片《勇敢的心》的人们一定记得片中的一段关于英格兰国王临终前的景象：由苏菲·玛索饰演的王妃因求情也未能救下华莱士，而对老国王心怀恼恨，在国王不能行动也不能说话之际，靠在他的身边，轻轻地说了一句话，就将老国王置于死地。那么王妃说的是什么呢？她只是平静地报复他，说了她怀的孩子是华莱士的，而非王子的。国王一命呜呼是由于愤怒的情绪。有人会以为这是影片，所以会夸张一点以突出戏剧效果。然而，现实生活中，古今中外皆有相似的例子，三国中的周瑜就是这么一位被活活气死的人。

三国时期东吴水军都督周瑜，有勇有谋，自从跟随孙策打天下，南征北战，为东吴立下汗马功劳。但周瑜心胸狭窄，嫉贤妒能，也因此毁了自己的一生。

孙刘联合抗曹时，周瑜想烧毁曹营，因为没有东风而急得病倒了。诸葛亮去看望周瑜，一句话就说中了他的心事："万事俱备，只欠东风。"后来诸葛亮借东风，周瑜才火烧曹营。周瑜觉得诸葛亮的才能比自己高，下决心要除掉他，于是派人去杀诸葛亮，谁知诸葛亮早已洞悉了他的意图，已经安全地离开了。周瑜气得险些跌倒在地，此为一气。

周瑜为了将荆州夺回来,将刘备骗去娶亲,诸葛亮给赵云三条锦囊妙计。结果周瑜、孙权是"赔了夫人又折兵",气得周瑜昏死过去。周瑜本来箭疮未愈,因气愤而复发,经众人抢救才醒过来,大叫道:"诸葛亮,我绝不罢休!"此为二气。

周瑜佯装替刘备攻打西川,要求刘备在其路过时准备粮草前去慰问,意在伺机杀了他。诸葛亮看穿了周瑜的计策,将计就计,布下四路大军,在吴军到来后将其团团围住。士兵们高喊:"活捉周瑜!"而探马来报,说刘备、孔明正在军营中饮酒,周瑜气得口吐鲜血,仰天长叹道:"既生瑜,何生亮!"说罢又连吐数口鲜血而死,年仅36岁。

愤怒是一种很难控制的情绪,正因为难以控制,所以很容易酿成大祸,甚至丢掉性命。正如培根所说:"愤怒,就像地雷,碰到任何东西都一同毁灭。"还是让我们以平和的心境来对待生活中繁杂的事情吧。小心别伤害了自己,只有平静才是生活的真谛。莎士比亚说:"不要因为你的敌人燃起一把火,你就把自己烧死。"当你的感情胜过理智时,你将成为感情的奴隶;只有战胜自己的感情,你才能真正获得自由。

如果你不注意培养自己忍耐、心平气和的性情,培养交往中必需的情商,遇到一丝火星就暴跳如雷,情绪失控,就会把你的人缘全都炸掉。

大凡脾气暴躁的人,都有一点心胸狭隘。因为真正"有容乃大"的气魄是不会随便动怒的。

古时有一个妇人,特别喜欢为一些琐碎的小事生气。她也知道自己这样不好,便去求一位高僧为自己谈禅说道,开阔心胸。

高僧听了她的讲述,一言不发地把她领到一座禅房中,落锁而去。

妇人气得跳脚大骂。骂了许久,高僧也不理会。妇人又开始哀求,高僧仍置若罔闻。妇人终于沉默了。高僧来到门外,问她:"你还生气吗?"

妇人说:"我只为我自己生气,我怎么会到这地方来受这份罪。"

"连自己都不原谅的人怎么能心如止水?"高僧拂袖而去。过了一会儿,高僧又问她:"还生气吗?"

"不生气了。"妇人说。

"为什么?"

"气也没有办法呀。"

"你的气并未消逝,还压在心里,爆发后将会更加剧烈。"高僧又离开了。

高僧第三次来到门前,妇人告诉他:"我不生气了,因为不值得气。"

"还知道值不值得,可见心中还有衡量,还是有气根。"高僧笑道。

当高僧的身影迎着夕阳立在门外时,妇人问高僧:"大师,什么是气?"

高僧将手中的茶水倾洒于地。妇人视之良久,顿悟,叩谢而去。

真正的成功者都是生活的智者,而非处处得理不饶人的强者。钢至强则易折,水至柔所以能克钢。

学会制怒是让自己心态平和最关键的一步,只有情商较低的人才会不懂控制怒火,成为怒气伤害的对象。对于怒火要学会自我疏导,而非一味克己忍让,只有让它用一个合适的渠道发泄才会不至伤人伤己。

情商的高低与人们对自我情绪的管理能力有莫大的关系,它将决定一个人成就的大小。

◆ 克制冲动

人们形容某些幼稚的行为举动,常会用"冲动"来说明。也有些不负责任的人,在做了错事之后不敢承担责任,用"一时冲动"来替自己辩解。人要想在竞争激烈的环境中有所作为,必须学会克制住冲动,否则会一发不可收拾,后果也许令我们难以承受。

古代有个尤翁,他开了个典当铺。

有一个年底,他忽然听到门外有一片喧闹声。

他出门一看,原来门外有位穷邻居。站柜台的伙计就对尤翁说:"他将衣服押了钱,空手来取,不给他,他就破口大骂。有这样不讲理的人吗?"

门外那个穷邻居仍然是气势汹汹,不仅不肯离开,反而坐在当铺门口。

尤翁见此情景,从容地对那个穷邻居说:"我明白你的意图,不过是为了渡年关。这种小事,值得一争吗?"于是,他命店员找出邻居的典当之物,共有衣服蚊帐四五件。

尤翁指着棉袄说:"这件衣服抗寒不能少。"又指着长袍说:"这件给你拜年用。其他的东西不急用,就留在这里吧。"

那位穷邻居拿到两件衣服,不好意思闹下去,于是只好离开了。

当天夜里,这个穷汉竟然死在别人的家里。

原来,此人同那家人打了一年多的官司,因为负债过多,不想活了,于是就先服了毒药。他知道尤翁家富有，想敲诈一笔，结果尤翁没吃他那一套，没傻乎乎地当了他的发泄对象，他于是就转移到了另外一家。

事后有人问尤翁，为什么能够事先知情而容忍他。尤翁回答说："凡无理挑衅的人，一定有所依仗。如果在小事上不忍耐，那么灾祸立刻就会到来了。"

人们听了这话都很佩服尤翁的见识。

控制自己的冲动是件非常不容易的事情，因为我们每个人的心中都存在着理智与感情的斗争。

为情所动时，不要有所行动，否则你会将事情搞得一团糟。人在不能自制时，会举止失常；激情总会使人丧失理智。此时应去咨询不为此情所动的第三方，因为当局者迷，旁观者清。当谨慎之人察觉到情绪冲动时，会即刻控制并使其消退，避免因热血沸腾而鲁莽行事。短暂的爆发会使人不能自拔，甚至名誉扫地，更糟糕的则可能丢掉性命。

这是一个在印度广为流传的故事。一次，一对英国殖民地官员夫妇在家中举办丰盛的宴会。地点设在他们宽敞的餐厅里，那儿铺着明亮的大理石地板，房顶吊着不加任何修饰的椽子，出口处是一扇通向走廊的玻璃门。客人中有当地的陆军军官、政府官员及其夫人，另外还有一名美国的自然学家。

午餐中，一位年轻女士同一位上校进行了激烈的辩论。这位女士的观点是如今的妇女已经有所进步，不再像以前那样，一见到老鼠就从椅子上跳起来。可上校却认为妇女们没有什么改变，他说："不论碰到任何危险，妇女们总是一声尖叫，然后惊慌失措。而男士们碰到相同情形时，虽也有类似的感觉，但他们却多了一点勇气，能够适时地控制自己，冷静对待。可见，男士的这点勇气是很重要的。"

那位美国学者没有加入这次辩论，他默默地坐在一旁，仔细观察着在座的每一位。这时，他发现女主人露出奇怪的表情，两眼直视前方，显得十分紧张。很快，她招手叫来身后的一位男仆，对其一番耳语。仆人的双眼露出惊恐之色，他很快离开了房间。除了这位美国学者，没有其他客人发现这一细节，当然也就没有其他人看到那位仆人把一碗牛奶放在门外的走廊上。

美国学者突然一惊。在印度，地上放一碗牛奶只代表一个意思，即引诱一条蛇。也就是说，这间房子里肯定有一条毒蛇。他首先抬头看屋顶，那里是毒蛇经常出没的地方，可现在那儿光秃秃的，什么也没有；再看餐厅的四个角，前三个角落都空空如也，第四个角落也站满了仆人，正忙着上菜下菜；现在只剩下最后一个地方他还没看了,那就是坐满客人的餐桌下面。

美国学者的第一反应便是要向后跳出去,同时警告其他人。但他转念一想,这样肯定就会惊动桌下的毒蛇,而受惊的毒蛇很容易咬人。于是他一动不动,迅速地向大家说了一段话,语气十分严肃,以至于大家都安静了下来。

"我想试一试在座诸位的控制力有多大:我从1数到300,这会花去5分钟,这段时间里,谁都不能动一下,否则就罚他50个卢比。预备,开始!"

美国学者不急不缓地数着数,餐桌上的20个人,全都像雕像一样一动不动。当数到288时,他终于看见一条眼镜蛇向门外的牛奶爬去。他飞快地跑过去,把通向走廊的门一下子关上。蛇被关在了外面,室内立即发出一片尖叫。

"上校,事实证实了你的观点。"男主人这时叹道,"正是一个男人,刚才给我们做出了从容镇定的榜样。"

"且慢!"美国学者说,然后转身朝向女主人,"温兹女士,你是怎么发现屋里有条蛇的呢?"

女主人脸上露出一抹浅浅的微笑:"因为它从我的脚背上爬了过去。"

我们平时无论工作、生活都要尽力保持理性,用理智代替情感,客观的分析才会有助于找到问题的答案与真相,否则在冲动情绪下只会丧失敏锐的判断力,最终作出令我们抱憾的决定。

有一对年轻的夫妇,妻子因为难产死去了,孩子活了下来。丈夫一个人既要工作又要照顾孩子,有些忙不过来,可是找不到合适的保姆照看孩子,于是他训练了一只狗,那只狗既听话又聪明,可以帮他照看孩子。

有一天,丈夫要外出,像往日一样让狗照看孩子。他去了离家很远的地方,所以当晚没有赶回家。第二天一大早他急忙忙往家里赶,狗听到主人的声音摇着尾巴出来迎接,他发现狗满口是血,打开房门一看,屋里也到处是血,孩子居然不在床上……他全身的血一下子都涌到头上,心想一定是狗的兽性大发,把孩子吃掉了,盛怒之下,拿起刀来把狗杀死了。

就在他悲愤交加的时候,突然听到孩子的声音,只见孩子从床下爬了出来,丈夫感到很奇怪。他再仔细看了看狗的尸体,这才发现狗后腿上有一大块肉没有了,而屋门的后面还有一只狼的尸体。原来是狗救了小主人,却被主人误杀了。

丈夫在一刀带来的痛快之后,很快就尝到了痛苦的滋味。他痛失爱犬,而所有的结局全由那冲动的一刀所致,这不能不说是件很遗憾的事。

在遇到一些情况时,我们需要的是冷静,而非冲动。我们也许该在冲动之前先重温下祖先留下来的宝贵思想——三思而后行。永远不要让自己的嘴巴和手脚跑得比大脑快，能克制住冲动的人才会具有成功的品质。

◆ 告别忧郁

有人说忧郁如一杯酒，越品越爱它；也有人说忧郁之于男女是不同的，一个和忧郁搭边的女人没有人愿意接近她，一旦换作了男人，那将完全是另外一番风景。其实，真正的忧郁没有人喜欢，试想你会愿意经年累月和一个动不动就唉声叹气、长吁短叹的人在一起吗？谁都不会拒绝一个能给自己带来快乐的人，常常忧郁的人只会令我们望而却步。

某机关一个小公务员一直过着安分守己的日子。有一天，他忽然得到通知，一位从未听说过的远房亲戚在国外死去，临终指定他为遗产继承人。

那是一个价值万金的珠宝商店。小公务员欣喜若狂，开始忙碌着为出国做种种准备。待到一切就绪，即将动身时，他又得到通知，一场大火烧毁了那个商店，珠宝也丧失殆尽。

小公务员空欢喜一场，重返机关上班。他似乎变了一个人，整日愁眉不展，逢人便诉说自己的不幸。

"那可是一笔很大的财产啊，我一辈子的薪水还不及它的零头呢。"他说。

"你不是和从前一样，什么也没有丢失吗？"他的一个同事问道。

"这么一大笔财产，竟说什么也没有失去！"小公务员心疼地叫起来。

"在一个你从未到过的地方，有一个你从未见过的商店遭了火灾，这与你有什么关系呢？"这个人看得很开。

不久以后，小公务员死于忧郁症。

忧郁的来源多种多样，有可能是为已失去的事物或人而忧郁，也有可能是为得不到的东西而懊恼。忧郁的人多半比较情绪化，多愁善感，常常让人捉摸不定。

过度的忧郁会使人丧失对生活的热情，甚至产生轻生的念头。著名演员张国荣，多才多艺但却英年早逝，令我们为之扼腕叹息。他生前的好友、合作过的人员，提到他时都称赞他演技佳、歌也好，人品自不必说，唯一遗憾的是有点忧郁。这种忧郁随着外部环境的刺激而日益加深，直到2003年从24楼的纵身一跃，从此让"4月1日"愚人节也染上了一些忧郁的色彩。

由美国医学协会发起的一项对10余个国家和地区约3.8万人的调查显示，有5%的人患有抑郁症，抑郁症发病率最高的年龄段在25～30岁之间，其中女性的比例明显高于男性。来自美国的资料显示，抑郁症病人中有2/3的人曾有自杀念头，其中有10%～15%的人最终自杀；所有自杀者中有70%的人有抑郁症状。

生性敏感、感情细腻的人容易因为患得患失而感染上忧郁症，忧郁症就像一束盛开的罂粟，看着美丽，然而一旦上瘾，危害极大。无数才华横溢的人，就因为患有忧郁症，最后走上了结束自己生命的道路。忧郁症的危害在于它的隐蔽性、潜伏性，因此不为我们所重视。但忧郁如同能导致发霉的细菌一样，日复一日、年复一年地啃噬我们的心灵，将所有的美好、快乐、希望都咬掉，徒留悲伤、灰心、绝望。

告别忧郁吧，何不拥抱美好，将心交给太阳来照耀呢？

◆ 拒绝自卑

不知你是否相信，每个人的心中都住着一个邪恶的"神"，它的名字叫自卑。貌美如花的女子会忧虑自己没有足够的聪明，虽然她确实聪颖，但时常听别人说漂亮的女人没大脑，不禁会对自己的能力产生怀疑；富可敌国的大商家，有可能为自己那鲜为人知的身世而自卑……总之，每个人都会因为自己内心的"邪恶之神"而痛苦，有认为自己不漂亮的，也有抱怨没能力赚大钱的，更有为自己没受过良好教育而自卑的……

有的是先天的，无法改变的——外表、家庭；也有的是后天自寻烦恼的——没学历、不聪明……一句话，自卑人人都有，原因却迥异。

自卑的人总是习惯于拿自己的短处和别人的长处相比，结果越比越觉得不如别人，形成自卑心理。内心的自卑，对一个人的成长与发展是不利的，因而，如果你发现自己有自卑心理，就要用理性的态度坚决把它铲除掉。

你可以从下面这个寓言中得到启发。

上帝想和人类玩一个捉迷藏的游戏。

上帝想把一种叫作"自卑"的东西藏在人身上，于是他和天使们商量："你们给我出个主意，我该把它放在人的哪个部位最为隐秘。"

有的天使回答说，藏在人们的眼睛里；有的说，藏在人们的牙缝里；有的说就藏在人们的腋窝里。

但一个聪明的天使笑着说："上面这些地方，人们都很容易找到，他们马上会把自卑还给上帝。您最好把它藏在人们的心里，那里是他们最后才能想到的地方。"

"邪恶之神"就是这样住进了我们每个人的心里，动不动在关键时刻和我们作对。

获诺贝尔化学奖的法国科学家维克多·格林尼亚是一位从自卑走向成功的人。格林尼亚出生于一个百万富翁的之家，从小过着优裕的生活，养成了游手好闲、摆阔逞强、盛气凌人的浪荡公子恶习。仗着自己长相英俊，他挥金如土，任意玩弄女人。但有一次，一直春风得意的格林尼亚遭到了重大打击。一次午宴上，他对一位从巴黎来的美貌女伯爵一见倾心，像见了其他漂亮女人一样，追上前去，但只听到一句冷冰冰的话："……请站远一点，我最讨厌被花花公子挡住视线！"女伯爵的冷漠和讥讽，第一次使他在众人面前羞愧难当。突然间，他发现自己是那样渺小，那样被人厌弃，一种油然而生的自卑感使他感到无地自容。

他满含耻辱地离开了家，只身一人来到里昂。在那里，他隐姓埋名，发愤求学，进入里昂大学插班就读。他断绝一切社交活动，整天泡在图书馆和实验室里。这样的钻研精神赢得了有机化学权威菲利普·巴尔教授的器重。在名师的指点和他自己的长期努力下，格林尼亚发明了"格式试剂"，发表了两百多篇学术论文，被瑞典皇家科学院授予1912年度诺贝尔化学奖。

自卑的人随处皆是，有的被"邪恶之神"所打倒，但也有许多人从自卑中超越自己，走向成功。法国伟大的启蒙思想家、文学家卢梭，曾为自己是孤儿，从小就流落街头而自卑；存在主义大师、作家萨特，两岁丧父，一眼斜视，一眼失明，失去亲情与身体的残疾使他产生极重的自卑；法国第一帝国皇帝、政治家、军事家拿破仑年轻时曾为自己的矮小和家庭贫困而自卑；美国英雄总统林肯出身农庄，9岁丧母，只受一年学校教育就下田劳动，他也曾深深为自己的身世而自卑；日本著名企业家松下幸之助，4岁家败，9岁辍学谋生，11岁亡父，他也一度陷于自卑中。

但凡自卑者，总是一味轻视自己，总感到自己这也不行，那也不行，什么也比不上别人。这种情绪一旦占据心头，结果是对什么都不感兴趣，忧虑、烦恼、焦虑纷至沓来。倘若遇到一点困难或者挫折，更是长吁短叹、消沉绝望，那些光明、美丽的希望似乎都与自己断绝了关系。这与现代人应该具备的自信的气质和宽广的胸怀是格格不入的，必须引起人们的警觉。

事实上，自卑只是一种徒然的自我折磨，因为它不会给人以激励，不会给人以力量，反而会摧残人的身心，盗走人的骨气。容忍它的存在实在是百害而无一利。著名新闻出版家邹韬奋在《自觉与自贱》一文中明确指出："若自觉有所短而存在自贱的心理，便是自甘居于卑劣的地位，所得的结果只能是颓废。"

有句话说："天下无人不自卑。无论圣人贤士、富豪王者，抑或贫农寒士、贩夫走卒，在孩提时代的潜意识里，都是充满自卑感的。"但你若想成大事，就必须战胜自卑感。

一位父亲带着儿子去参观凡·高故居，在看过那张小木床及那双裂了口的皮鞋之后，儿子问父亲："梵高不是位百万富翁吗？"父亲答："梵高是位连妻子都没娶上的穷人。"

第二年，这位父亲带儿子去丹麦，在安徒生的故居前，儿子又问："爸爸，安徒生不是住在皇宫里吗？"父亲答："安徒生是位鞋匠的儿子，他就住在这栋阁楼里。"

这位父亲是一个水手，他每年往来于大西洋各个港口，儿子叫伊东布拉格，是美国历史上第一位获普利策奖的黑人记者。

20年后，在回忆童年时，伊东布拉格说："那时我们家很穷，父母都靠出苦力为生。有很长一段时间，我一直认为像我们这样地位卑微的黑人是不可能有什么出息的。好在父亲让我认识了梵高和安徒生，这两个人告诉我，上帝没有轻看卑微。"

无论是穷人还是富人，面临的成功机遇总是相同的，只要你不懈地奋斗，一定能够实现理想，从而达到成功。

想要成功，就必须拒绝自卑，而这需要足够的勇气和毅力，相信自己只要有这个念头，就已经向成功迈进了一步。

◆ 不再恐惧

恐惧是人类最大的敌人。不安、忧虑、嫉妒、愤怒、胆怯等，都是恐惧的表现。恐惧剥夺人的幸福与能力，使人变为懦夫；恐惧使人失败，使人流于卑贱；恐惧比什么东西都可怕。

恐惧能摧残一个人的意志和生命。它能影响人的胃、损伤害人的修养、减少人的生理与精神的活力，进而破坏人的身体健康；它能打破人的希望、消退人的意志，使人的心力"衰弱"。

一个美国电气工人，在一个周围布满高压电器设备的工作台上工作。他虽然采取了各种必要的安全措施来预防触电，但心里始终有一种恐惧，害怕遭高压电击而送命。有一天他在工作台上碰到了一根电线，立即倒地而死，身上表现出触电致死者的一切症状：身体皱缩起来，皮肤变成了紫红色与紫蓝色。但是，验尸的时候却发现了一个惊人的事实：当那个不幸的工人触及电线的时候，电线中并没有电流通过，电闸也没有合上——他是被自己害怕触电的自我暗示杀死的。

苏联也曾报道过类似的事例：有一个人被无意中关进了冷藏车。第二天早上，人们打开冷藏车，发现他已被冻死在里面，身体呈现出冻死的各种状态。但是奇怪的是，冷藏车的冷冻机并没有打开制冷，车中的温度同外面的温度差不多，依这种温度是绝对不可能冻死人的。大概这位死者被关进冷藏车之后，就不断地担心自己要被冻死，这种意念对他的身心发生了影响，他就真被冻死了。

一个成年人可能会因为过度恐惧而死亡，或者得了恐惧症。一位女士因为总是害怕鬼而导致晚上不敢独自睡觉；房间的门后不能挂衣服，因为她能想象出那是一个鬼站在那里，甚至连他的模样都想得逼真；大白天一个人逛商场，不敢在无人陪同的情况下去洗手间……

过度恐惧就是一种病症，需要多一点勇气战胜怯懦。有时候一个成年人的胆量甚至不及一个小女孩。

在美国19世纪50年代，有一天，黑人家里的一个10岁的小女孩，被母亲遣到磨坊里向种植园主索要50美分。

园主放下自己的工作，看着那黑人小女孩敬而远之地站在那里，便问道："你有什么事情吗？"黑人小女孩没有移动脚步，怯怯地回答说："我妈妈说想要50美分。"

园主用一种可怕的声音和斥责的脸色回答："我绝不给你！你快滚回家去吧，不然我用锁锁住你。"说完继续做自己的工作。

过了一会儿，他抬头看到黑人小女孩仍然站在那儿不走，便掀起一块桶板向她挥舞道："如果你再不滚开的话，我就用这桶板教训你。好吧，趁现在我还……"话未说完，那黑人小女孩突然像箭一样冲到他前面，毫无恐惧地扬起脸来，用尽全身气力向他大喊："我妈妈需要50美分！"

慢慢地，园主将桶板放了下来，手伸向口袋里摸出50美分给了那黑人小女孩。她一把抓过钱去，便像小鹿一样推门跑了，留下园主目瞪口呆地站在那儿回顾这奇怪的经历——一个黑人小女孩竟然毫无恐惧地面对自己，并且镇住了自己。在这之前，整个种植园里的黑人们似乎还从未敢想过。

要想战胜恐惧，最好的方法与最佳的人选还在我们自己身上，指望别人的帮助是无用的。走出恐惧的荒漠最终凭借的总是我们自身的力量与决心。

第4章

逆境情商：
通向光明的指示灯

第1节　你必须具备的逆商

◆ 人生之路不会一帆风顺

　　人们常说"人生不如意事常八九"。人的一生不可能不遭遇挫折、打击、失落、失败，因此我们必须具备良好的AQ（逆境情商），否则在狂风暴雨之后等待我们的只能是消沉。人生就是这样，不是你打倒挫折，就是挫折打倒你。

　　在面对失败、不顺心之事时，有的人会沉迷于那"十之八九"，而乐观积极的人则会选择"常想一二"。你的人生是阳光多，还是风雨多，完全在于你自己的选择。

　　有个人的简历是这样的：

　　22岁　生意失败

　　23岁　竞选州议员失败

24岁　生意再次失败
25岁　当选州议员
26岁　情人去世
27岁　精神崩溃
29岁　竞选州长失败
31岁　竞选选举人失败
34岁　竞选国会议员失败
37岁　当选国会议员
46岁　竞选参议员失败
47岁　竞选副总统失败
49岁　竞选参议员再次失败
51岁　当选美国总统

这个人就是亚伯拉罕·林肯。

林肯被称为美国历史上最伟大的总统之一，全世界人民都对他充满了敬意，但就是这么一位解放黑奴、统一全国的总统，经历了太多人生的风风雨雨。很小的时候就丧母，贫困与艰难没有击倒他，他在充满苦难的人生废墟中终于站了起来！他成了名垂千古的世纪巨人，在受人敬仰的背后有多少心酸的泪水与血水不为我们所知。

林肯除了以上的不顺利，他还有一个不太美满的婚姻。第一夫人玛丽·托德曾当着客人的面，将一杯咖啡泼到了林肯总统的脸上！但她暴躁的脾气丝毫没有让林肯沉沦下去。他不是不以为意，他也曾深感忧愁与孤寂，但伟大的人都有伟大的地方，他以他特有的宽容、从容、坚定超越了人生的苦难。

与林肯总统相似的还有"经营之神"松下幸之助。

日本松下电器公司总裁松下幸之助，年轻时家庭生活贫困，只能靠他一人养家糊口。有一次，瘦弱矮小的松下到一家电器工厂去试职。他走进这家工厂的人事部，向一位负责人说明了来意，请求给安排一个哪怕是最低下的工作。这位负责人看到松下衣着肮脏，又瘦又小，觉得很不理想，但又不便直说，于是就找了一个理由：我们现在暂时不缺人，你一个月后再来看看吧。这本来是个托词，但没想到一个月后松下真的来了，那位负责人又推托说此刻有事，过几天再说吧。隔了几天松下又来了。如此反复多次，这位负责人干脆说出了真正的理由："你这样脏兮兮的，是进不了我们工厂的。"于是，松下幸之助回去借了一些钱，买了一件整齐的衣服穿上了又返回来，这人一看实在没有办法，便告诉松下："关于电器方面的知识你知道得太少了，我们不能要你。"两个月后，松下幸之助再次来到这家企业，说："我已经学了不少有关电器方面的知识，您看我哪方面还有差距，我一项项来弥补。"

这位人事主管盯着他看了半天才说："我干这行几十年了，头一次遇到像你这样来找工作的。我真佩服你的耐心和韧性。"松下幸之助的毅力打动了主管，他终于进了那家工厂。后来松下又以其超人的努力逐渐锻炼成为一个非凡的人物。

在具备高情商品格之人的眼里，失败不只是暂时的挫折，更是一次机会，因为挫折是要告诉你与成功的距离，锻炼你从容不迫的钢铁意志。找到自己的欠缺，补上这个缺口，你就增长了一些经验、能力和智慧，也就会离成功越来越近。世界上真正的失败只有一种，那就是轻易放弃，缺乏进取。

爱迪生曾长期埋头于一项发明。一位年轻记者问他："爱迪生先生，你目前的发明曾失败过一万次，你对此有何感想？"爱迪生回答说："年轻人，因为你人生的旅程才起步，所以我告诉你一个对你未来很有帮助的启示。我并不是失败过一万次，只是发现了一万种行不通的方法。"

何谓智者？以上爱迪生的回答就是能给我们许多启迪的智语。

谁都不喜欢失败，因为失败让我们自信心受创，更糟糕的是会对前途不抱什么希望。不过，一生平顺、没遇到失败的人，恐怕是少之又少，甚至应该是没有的。

几乎所有人都存在谈败色变的心理。然而，若从不同的角度来看，失败其实是一种必要的过程，而且也是一种必要的投资。数学家习惯称失败为"或然率"，科学家则称之为"实验"，如果没有前面一次又一次的"失败"，哪里有后面所谓的"成功"？

从企业经营的立场来看，绝大多数的老板都喜欢成功，然而，全世界著名的快递公司DIL创办人之一李奇先生，他对曾经有过失败经历的员工则是情有独钟。

每次李奇在面试即将走进公司的人时，必定会先问对方过去是否有失败的例子，如果对方回答"不曾失败过"，李奇会认为对方不是在说谎，就是不愿意冒险尝试挑战。李奇说："失败是人之常情，而且我深信它是成功的一部分，有很多的成功都是通过失败的累积产生的。"

如果我们眼中只有失败，那么心中也只能放下失败了，成功想站住脚都难。

美国人曾做过一个有趣的调查，发现在所有成功的企业家中，平均每位都有三次破产的记录。即使是世界顶尖的一流高手，失败的次数毫不比成功的次数"逊色"。例如，著名的全垒打王贝比路斯，同时也是三振次数最多的纪录保持人。

其实，失败并不可耻，不失败才是反常，重要的是面对失败的态度，是能反败为胜，还是就此一蹶不振？杰出的企业领导者，绝不会因为失败而怀忧丧志，而是会回过头来分析、检讨、改正，并从中发掘重生的契机。

人生之路不会一帆风顺，任何人都逃脱不了这个"定律"，是崛起还是从此沉沦，命运之舵掌握在我们自己手中。人生短暂几十年，是要快乐生活，还是将自己埋没在痛苦失意之中，聪明的人怎么能让自己的一生在糊涂中走完？

◆ 决定成败的是面对困境的心态

在一部电影里，有一群大象，这群大象生活在一片荒原中，无忧无虑，无争无斗，安详和睦，幸福无比。然而即使这样，病魔还是不肯放过他们，有一天，它突然降临到这个象群中。

经过一番拼争，象群中的绝大部分都挣脱了病魔的纠缠。可是却有一只小象由于抵抗力比较差，一直没能恢复过来，眼看着就要撑不住而倒下。

然而，大象是不能倒下的，它一倒下，就会因为巨大的内脏之间彼此压迫而损伤自己。倒下，意味着置自己于死地。这就是大象以及其他庞大的动物从来都是站着睡觉而不肯躺下休息半秒钟的缘故。

于是，就在小象即将倒下的那一刻，大象们出现了，它们两个一组换班轮流着用自己的躯体夹住小象的身体，小象自己也凭着坚强的意志死死撑着，它们一起用自己的血肉之躯与命运抗争。终于，奇迹发生了，在大象群体的呵护下，小象慢慢恢复了元气，最后完全病愈。

通常情况下能打倒我们的不是困境本身，而是面对它时我们的心态。如果选择了倒下就等于放弃了希望与成功，意味着只能和失败为伍。

大文豪巴尔扎克说："世界上的事情永远不是绝对的，结果完全因人而异。苦难对于天才是一块垫脚石，对于能干的人是一笔财富，对弱者是一个万丈深渊。"

在美国，有一位穷困潦倒的年轻人，即使把身上全部的钱加起来都不够买一件像样的西服的时候，仍全心全意地坚持着自己心中的梦想，他想做演员，拍电影，当明星。

当时，好莱坞共有500家电影公司，他逐一数过，并且不止一遍。后来，他又根据自己认真拟定的路线与排列好的名单顺序，带着自己写好的量身定做的剧本前去拜访。但一遍下来，500家电影公司没有一家愿意聘用他。

面对百分之百的拒绝，这位年轻人没有灰心，从最后一家被拒绝的电影公司出来之后，他又从第一家开始，继续他的第二轮拜访与自我推荐。

在第二轮的拜访中，500家电影公司依然全部拒绝了他。

第三轮的拜访结果仍与第二轮相同，这位年轻人又开始他的第四轮拜访。当拜访完第349家后，第350家电影公司的老板破天荒地答应愿意让他留下剧本先看一看。

几天后，年轻人获得通知，请他前去详细商谈。

就在这次商谈中，这家公司决定投资开拍这部电影，并请这位年轻人担任自己所写剧本中的男主角。

这部电影名叫《洛奇》。

这位年轻人的名字叫席维斯·史泰龙。现在翻开电影史，这部叫《洛奇》的电影与这个日后红遍全世界的巨星皆榜上有名。

类似的成功之人不胜枚举，他们之所以能从绝望中腾飞，从贫苦中奋起，都是因为少了一份自暴自弃，多了一点执着和坚毅，并对自己的能力深信不疑。

富兰克林当年的电学论文曾被科学权威不屑一顾，皇家学会刊物也拒绝刊登；第二篇论文又引来皇家学会的一阵嘲笑。他的论文被朋友们设法出版后，因论点与皇家学院院长的理论针锋相对，遭到这位院长的人身攻击。但富兰克林没有被挫折吓倒，没有放弃自己的科学信念，而是更积极地投入实验，以实践来证实自己的立论。他冒着巨大的生命危险进行了风筝引电的有名实验，终于获得了成功。于是，他的著作被译成德文、拉丁文、意大利文，得到了全欧洲的公认。

有个叫阿巴格的人生活在内蒙古草原上。有一次，年少的阿巴格和他父亲在草原上迷了路。阿巴格又累又怕，到最后快走不动了。父亲就从兜里掏出5枚硬币，把一枚硬币埋在草地里，把其余4枚放在阿巴格的手上，说："人生有5枚金币，童年、少年、青年、中年、老年各有一枚，你现在才用了一枚，就是埋在草地里的那一枚，你不能把5枚都扔在草原里，你要一点点地用，每一次都用出不同来，这样才不枉人生一世。今天我们一定要走出去，你将来也一定要走出草原。世界很大，人活着，就要多走些地方，多看看，不要让你的金币还没用就扔掉。"在父亲的鼓励下，阿巴格走出了草原。长大后，阿巴格离开了家乡，成了一名优秀的船长。

　　遭遇逆境并不等于宣判我们命运的"死刑"，真正的法官永远是我们自己。只有我们自己才有资格对神圣的生命作出判决，而面对困境的心态会影响你手中的判笔。

◆ 挫折不等于失败

　　每个人都会遭遇挫折，但人生的困苦永远只是一时的，上帝不会让苦难跟随你一辈子，但如果你因此而丧失了斗志，那么只能辛苦一生了。

　　巴西足球队第一次赢得冠军回国时，专机一进入国境，16架喷气式战斗机立即为之护航。当飞机降落在道加勒机场时，聚集在机场上的欢迎者达3万人。从机场到首都广场不到20公里的道路上，自动聚集起来的人超过100万。市长里奥·热奈罗晚出发了一会儿，竟然无法驱车去机场，他只得从官邸乘直升机前往。从机场到首都广场的途中，多数球员被请进豪华汽车，贝利和几个主力队员等则被人用手臂向前传递，4个多小时的路他们脚不沾地，一直被送进总统府。

　　多么宏大和激动人心的场面！然而前一届欢迎仪式却是另一番景象。

　　1962年，巴西人都认为巴西队能获本次世界杯冠军，然而天有不测风云，在半决赛中却意外地败给了德国队，结果那个金灿灿的奖杯没有被带回巴西。球员们悲痛至极，他们想象着迎接他们的将是球迷的辱骂、嘲笑和汽水瓶，因为足球可是巴西的国魂。

　　飞机进入巴西领空，他们坐立不安，因为他们的心里清楚，这次回国"凶多吉少"。可是，当飞机降落在首都机场时，映入他们眼帘的却是另一种景象。梅内姆总统和两万多球迷默默地站在机场，他们看到总统和球迷共举一幅大横幅，上书：失败了也要昂首挺胸。

　　队员们见此情景，顿时泪流满面。总统没有讲一句话，球迷们没有动，舷梯上，除了球员们徐徐地走下飞机，整个机场如凝固了一般。等球员们离开后，总统和球迷们才有秩序地各自回去。4年后，巴西队捧回了奖杯。

挫折并不等同于人生的失败，通常人们被困难击败的主要原因在于他们自认为可以被打败。而克服困难的一个最大诀窍，就是要学会相信自己可以击败困难。为了做到这一点，你的心理及精神就要不断地磨砺。

如果你可以克服困难，则困难就是激励你成长的要素。俄罗斯有一句谚语："铁锤能打破玻璃，更能铸造精钢。"如果你像钢一样，有足够的坚强作为打造的品质，去克服人生中的困难，那么这些困难正好可以磨炼你的意志和力量。

第2节 走出逆境的荒漠

◆ 坚毅才能走出困境

许多人都会认为成功与失败之间存在天壤之别，其实更多的时候，两者只是相差微乎其微。

许多人都是因为坚持到最后几分钟而获得胜利和成功，功败垂成之人正是少了一份坚毅，才导致遗憾终身。

坚毅是一种特性。

坚冰，言冰之坚硬；坚城，言城之牢不可破。

然而，中国古代的智者老子说："兵强则灭，木强则折。"因此坚中需要韧性。坚毅要人做事专一，坚忍不拔，不屈不挠，不达目的，誓不罢休。

这是成功者的高贵品格。

世界上的每一个伟人都是意志力很强的人，查阅他们的历史档案就会发现，他们都有一部苦难史。虽然他们的遭遇不同，但都在感受痛苦的过程中使意志得到了锻炼。痛苦是对信念、信仰的残酷考验，经受住了这种考验，人的信念、信仰就能坚定十倍。

世界著名的领袖人物大都具备了非凡的意志力，出色的意志力是其远大的目标得以实现的很重要的一项保障。

罗斯福是美国历史上的杰出总统之一。就任期间，他实行新政，缓和了美国的经济危机，推动了美国经济的发展。第二次世界大战爆发后，他不顾美国的孤立主义传统，使美国与英国、苏联结成联盟，为争取反法西斯战争的胜利做出了重要贡献。

罗斯福还是第一位打破华盛顿开创的不连任三次的传统，连续四次登上总统宝座的美国总统。人们被他贵族的气质和从容不迫的举止所征服，称赞说："没有哪一个美国总统能那样有效地集政治家、政客、鼓动者和导师的品质于一身，而这些品质正是伟大人物所需要的。"

事实上，作为美国历史上一位有远见、重实际、精于政治策略的政治家，罗斯福在用权术与计谋来达到自己的政治目的方面可谓技艺高超，但真正让他出人头地的是他果敢的开创精神和顽强的意志。

当年，正当罗斯福的事业蒸蒸日上之时，厄运却接连向他袭来。

1920 年，罗斯福和詹姆斯·考克斯搭档代表民主党竞选副总统和总统惨遭失败，之后他暂时退出政坛，回家休养。

在芬迪湾的一次游泳后，罗斯福的双腿突然麻痹，一个有着光辉前程的硬汉子一下子变成了一个卧床不起、什么事都需要别人照顾的残疾人，身体上的痛苦和精神上的痛苦同时折磨着他。

最初，罗斯福几乎绝望了，认为上帝把他抛弃了。但是奋力向上的精神和顽强的意志并没有使他放弃希望。治病期间他仍然不停地看书，不停地思考问题，勇敢地面对自己的疾病，积极配合医生进行治疗。而能做到这些需要多么非凡的勇气和毅力啊！

经过疾病的折磨，罗斯福变得比过去更加坚毅老练了。罗斯福身体力行着自己在首次就职演说中提出的"无所畏惧"的战斗口号："我们唯一值得恐惧的就是恐惧本身。"他不怕失败，勇于尝试，勇于创新，有魄力，有远见，把美国引上了一条新的发展道路。

坚毅是一种难能可贵的品质，一个拥有卓越情商的人总能够在第 100 次跌倒后，第 101 次站起来。这就是强者、智者。

坚毅是坚强与毅力的合意。坚强的品质让一个人即使身处逆境也能够屡败屡战、百折不挠；毅力是一种执着于目标、信仰的力量。一个希望成功的人的身上绝对不可缺少这两种品质。

在一间工具房中，有一些工具聚在一起开会，大伙商量要怎样去对付一块坚硬的生铁。

斧头首先耀武扬威地说："让我来，我可以一下子就把它解决了。"于是斧头很用力地对着铁块砍下去，可是，只有一会儿的工夫，斧头便钝了，刃都卷了起来。

"还是我来吧！"锯子信心十足地说着，它用锋利的锯齿在铁块上来回地锯，但是没有多久，锯齿都锯断了。

这时锤子笑道："你们真没用，退到一边去，让我来显显身手。"于是锤子对铁块一阵猛锤猛打，其声震耳。但锤了好久，锤子的头也掉了，铁块依然如故。

"我可以试试么？"小小的火焰在旁边请求。大家都瞧不起它，但还是给它一个机会试试。

小火焰轻轻地盘卷着铁块，不停地烧，不停地烧。过了一段时间，在它的热力之下，整个铁块终于烧红，并且完全熔化了。

成功者就是这小小火焰的坚毅，当面对巨大的难题——"生铁"时如何战胜它，取得最终的胜利，这完全取决于你是否有坚毅的品格。

"卧薪尝胆"这个成语的来历，众所周知，试想一下，如果越王勾践没有一份超乎寻常的坚毅，又怎么能够一雪国耻呢？

所以，当我们面临困境时，不必惊慌，用坚毅的品质成功突围，这是每一个高情商的卓越人士的共识。

◆ 信念在挫折中发光

有些人一旦遭遇挫折就会对自己的追求产生怀疑，并有可能半途而废；但有些人一旦认定自己的目标，就绝不放手，持之以恒的态度在他们的身上得到完美的体现。成功的一个很重要的因素，就是心中有崇高的信念，当这个信念变作一种信仰深植于你的心中时，你便不会把自己轻易放弃，因为遇到挫折，对你来讲正是考验信念是否坚定的时机。

受到世人敬仰的南非总统曼德拉就是一位这样的伟人。

出身于腾希族的曼德拉如果遵从命运或家庭的安排，他的人生本来是可以一帆风顺的。

曼德拉的父亲是腾希族大酋长的首席顾问，按照他父亲和大酋长的意愿，要把他培养成酋长。

曼德拉的梦想是成为一名律师。当22岁的曼德拉已经认识到自己要被培养为酋长，而他已下定决心绝不做统治压迫人民的事时，他选择了逃跑，以此来拒绝将来担任酋长。

曼德拉逃到了约翰内斯堡。在这个城市，他看到了白人和黑人生活的鲜明对照：白人生活在宽阔的市郊，到处是繁荣兴盛的景象；可是非洲人（即"土著人"）却被限制在许多"郊区土著人乡镇"和城市贫民窟里，居住拥挤，条件极差，还不断地受到警察的抄查。

他的政治态度因此受到影响，黑人严峻的生活环境和被曼德拉称为"疯狂的政策"的种族隔离，使曼德拉踏上了一生为黑人解放而进行斗争的征程。他参与"青年联盟"，领导全国蔑视运动，组织黑人进行对白人的斗争。

1952年，曼德拉因领导全国蔑视种族隔离制度运动而被捕入狱。获释后，他继续坚持斗争。

之后的日子里，曼德拉多次被捕，并遭到南非当局的通缉。他的斗争使他妻离子散，多年都未能与妻子、女儿团聚，而他的妻子也多次被捕。

1962年，曼德拉因莫须有的"叛国罪"被判为终身监禁。面对监禁，他说："在监狱中受煎熬与在监狱外相比算不了什么。我们的人民在监狱内外受着苦难，但是光受苦还不够，我们必须斗争。"他没有妥协，没有退缩，在狱中坚持斗争。他拒绝南非当局提出的释放条件——只要放弃斗争就给他自由，他说："我的自由同非洲人的自由在一起。"

这次的监禁持续了28年！人的一生能有几个28年呢，何况是在最年富力强的时候。但是以信念坚强著称于世的曼德拉对理想的追求仍矢志不渝。

在曼德拉的身上让我们看到许多优秀品质，还有高贵的人格魅力。正是这种超人的意志让他在牢狱中仍然能坚持自己的信念，忠于理想与信仰。与他相似的还有一位被印度人民称为"圣雄"的伟人甘地。

甘地是一位矮小的瘦弱的老头，手无缚鸡之力，却能带领印度人民走向独立。他以自己坚忍的性格，给千万人带来了独立与和平。

就其外在形象而言，甘地真无法与"圣雄"联系起来，更难使人想到他有王者般的威严。提及他,人们自然而然地会联想到这样的形象:身材矮小,体质瘦弱,腰间缠着一块布,赤裸着上身,头发稀疏,鼻梁上架着一副廉价的眼镜。这位其貌不扬的男子,却拥有钢铁般的意志,并为一个民族的自由构造了一套特殊的模式。这位将毕生精力置于非暴力不合作运动的政治家,几乎是在没有印度以外政治权威支持下,孤身一人从事民族解放事业。他的非暴力抵抗运动和独立热情推动了英国殖民主义在印度的灭亡。这一切,假如没有坚定的信念和意志,很难想象他能够将自己的事业进行到生命的最后一刻。他有一种高尚的人格,这种人格是一种不可抗拒的力量,是一种令人折服的魅力,而这种力量和魅力来源于他的不懈追求,来源于艰苦生活的种种磨炼,来源于永闪光辉的坚强意志。这是甘地生命中的闪光点。

甘地以苦行主义的心态对待他所追求的事业,并且孜孜不倦,不屈不挠。

对于非暴力主义思想,甘地始终如一地将之贯彻于革命行动。他以宗教式的虔诚和苦行僧般的生活方式坚持着自己的信仰,即使被捕入狱,他也非常坦然,从未改变过他的信仰。

在我们艳羡他人的成就时,是不是要自我反省一下:在面对打击时,我们能不能始终如一地坚守自己的信念?

◆ 身处逆境不妥协

永不妥协是难能可贵的品质,在身处逆境之时显得尤为重要。

"经营之神"松下幸之助从不向命运低头。9岁时,因为家境贫困,他不得不外出赚取生活费。他远赴大阪谋职,母亲为他准备好行囊,并送他到车站。临行前,母亲饮泣向同行的人诚恳地拜托:"这个孩子要单独去大阪,请各位在旅途中多多关照。"母亲悲凄的背影给了他深刻的印象。

不久,松下幸之助来到大阪,在船场火盆店里当学徒,从此开始了艰苦的谋生。小小年纪,远离亲人,在那个陌生的世界里,他感到孤单无助,似乎丧失了生活的信心。

有一次,店主叫住他,递给他一个五钱的白铜货币,说是薪水。他吃惊极了,他从来没有见过五钱的白铜货币,这对穷人家的孩子来讲,是一个相当可观的数目。报酬激起了他工作的狂热,也扬起了他奋斗的风帆。

靠着不可思议的永不言败的精神的支持，他变得更坚强。他不知辛苦地打杂、磨火盆，有时，一双手被磨得皮破血流，连提水打扫的活儿都干不了，但他咬牙挺了下来。渐渐地，松下幸之助掌握了自己的命运。

"痛苦像一把犁，它一面犁破了你的心，一面掘出生命的新起源。"古人讲："不知生，焉知死？"不知苦痛，怎能体会到快乐？痛苦就像一枚青青的橄榄，品尝后才知其甘甜，但这品尝需要勇气！其实，要让自己快乐非常简单，那就是少一份欲望，多一分自信。在身处绝境时，懂得苦中求乐，才是人生的真谛。

当不幸与我们不期而遇，是不断为自己打气还是选择悲观的宿命呢？一些悲观论调的持有者，对不幸所持的态度永远是"这就是命"，"命里要我这么不顺利我也无法强求"。乍听起来以为他们是豁达、看得开，其实是一种对自己生命极不尊重的想法，因为他们已放弃了对生活的美好追求，只是认命。真正的豁达与从容者不会如此，他们会把这些不幸化作前进的力量，既不抱怨命运不济，也不妄自菲薄，他们只会用真正的行动来改变自己的人生轨迹。

在一次火灾中，一个小男孩被烧成重伤。虽然经过医院全力抢救脱离了生命危险，但他的下半身还是没有任何知觉。医生悄悄地告诉他的妈妈，这孩子以后只能靠轮椅度日了。

一天，天气十分晴朗。妈妈推着他到院子里呼吸新鲜空气，然后有事离开了。一股强烈的冲动从男孩的心底涌起：我一定要站起来！他奋力推开轮椅，然后拖着无力的双腿，用双肘在草地上匍匐前进，一步一步地，他终于爬到了篱笆墙边。接着，他用尽全身力气，努力地抓住篱笆墙站了起来，并且试着拉住篱笆墙向前行走。没走几步，汗水从额头滚滚而下，他停下来喘口气，咬紧牙关又拖着双腿再次出发，直到篱笆墙的尽头。

就这样，每一天男孩都要抓紧篱笆墙练习走路。可一天天过去了，他的双腿仍然没有任何知觉。他不甘心困于轮椅的生活，一次次握紧拳头告诉自己：未来的日子里，一定要靠自己的双腿来行走。终于，在一个清晨，当他再次拖着无力的双腿紧拉着篱笆行走时，一阵钻心的疼痛从下身传了过来。那一刻，他惊呆了。他一遍又一遍地走着，尽情地享受着别人避之唯恐不及的钻心般的痛楚。

从那以后，男孩的身体恢复得很快。先是能够慢慢地站起来，扶着篱笆走上几步。渐渐地便可以独立行走了，最后一天，他竟然在院子里跑了起来。自此，他的生活与一般的男孩子再无两样。到他读大学的时候，他还被选进了学校田径队。

没有什么是绝对不可能的,关键看你的态度。与这位男孩相似的还有一位中国姑娘,她的名字妇孺皆知——张海迪。

1960年,5岁的张海迪被医院确诊为患有脊髓血管瘤之后,便走南闯北,遍访名医。在北京,医生想给张海迪做脊椎穿刺手术,可见她嫩骨嫩肉,怕她承受不了那份痛苦。大夫和父母都犹豫了。

然而,张海迪却张着小嘴坚定地说:"阿姨、叔叔,不要紧,扎针我不怕,挨刀我也不怕,您把我的病治好了吧,长大了,我要当舞蹈演员,当运动员……"见小姑娘这般刚强,在场的人感动了。

脊椎穿刺手术开始了。细细长长的针,穿过张海迪的皮肤直刺她的脊髓,针尖每前进一分,她的身子都要像触电似的猛抽一下。万箭攒心般的痛啊,扯肝掏胆般的痛啊,张海迪咬着嘴唇,额头上滚着豆大的汗珠。大夫的手颤抖着,进针的速度慢了,她却喊着:"阿姨,您扎呀!您扎呀!"母亲不忍心看这一幕,慌忙走开,强压住痛苦的呜咽。张海迪安慰道:"妈妈别哭,我不痛,一点也不痛。"说完咧开嘴,笑了。

这是怎样的顽强与勇气,这永不妥协的精神使身在逆境中的他们获救,从而走向成功。与命运抗争到底的张海迪,在带给我们感动之余,是否还有一点对于逆境的思考?难道我们一个体格健全的成年人,还不如一位当时仅几岁的小姑娘?

◆ 以冷静赢得一切

柯立芝总统给世人印象最深刻的一句话是:"如果我们能坐下来,保持冷静,我们生活中五分之四的困难就会消失。"

卡尔文·柯立芝是美国第三十任总统。他虽然不为许多人所知,却是一位靠冷静治国出名的总统。

1924年,柯立芝为自己竞选连任,以绝对优势击败民主党候选人。共和党的竞选口号是:"保持冷静,保持柯立芝。"

自从入住白宫以后,他常把摇椅放在前门廊里,晚上坐在那里抽雪茄。比起其他任何一个总统来,他做的工作最少,做的决策也最少。门肯说:"他在五年又七个月的总统生涯中,所做出的最大功绩就是比其他任何一个总统睡得都多——睡觉多，说话少。他把自己裹在高尚神圣的沉默中，双脚搭在桌子上，打发走一天天懒惰的日子。"

人们给柯立芝起了一个"沉默的卡尔"的绰号，不是没有道理的。

柯立芝真正能做到是只说三言两语，甚或一言不发，如果他要这样做的话。

1924年大选时，心急的新闻记者找到柯立芝，问他："关于这次竞选你有什么话要说吗？"

"No（没有）。"柯立芝回答说。

"你能就世界局势给我们谈点什么吗？"另一个记者问道。

"No（不能）。"

"能谈一下关于禁酒令的消息吗？"

"No（不能）。"

当失望的记者们要离开时，柯立芝严肃地说："记住，不要引用我的话。"

他在加利福尼亚州旅行结束就要返回华盛顿时，电台记者们采访了他，问他对美国人民有什么话要说，他愣了一会儿，说："再见。"

柯立芝知道自己该怎样应付这种场面。"如果你什么也不说，"他有一次这样解释道，"就不会有人要你去重复。"

据门肯回忆说："柯立芝作为美国总统的有价值的记录几乎是个空白，没有什么人记得他做过什么事，或说过什么话。"但门肯错了，柯立芝说过的很多话后来都成了名言警句。

1919年，他担任马萨诸塞州州长时，波士顿警察举行罢工，他对此评论道："任何人，不论在任何地方、任何时候都没有权力举行罢工反对公共安全。"这话使他在全美国出了名，对日后当选副总统颇有效力。

在遇到难题与危机时，我们常常习惯性地焦虑、紧张、手足无措，然而这一切都对问题的解决无济于事。

只有无论何时何地能保持冷静头脑的人，才会赢得人生的辉煌，这是高情商的人所具备的素质。否则，一个遇事就乱，控制不了自己情绪的人，如何赢得别人的敬重与信赖？还是来跟松下幸之助学一下冷静吧。

1920年，日本经济不景气，不少工厂停产或倒闭。然而，当时规模并不是很大的松下电器反而蓬勃发展。到了1921年秋天，松下买了1500多平方米的土地、盖厂房、建住宅、设事务所、扩大招雇员工规模。1923年，松下发明并大量产销自行车电池灯，兼营电熨斗、电热器、电风扇等电器产品，公司发展迅猛。1929年，松下并不理会到处弥漫的经济危机，在已经拥有3处工厂、300多名员工的情况下,继续扩充,在大阪买下8万平方米的土地,大规模地建设公司总部、第四个工厂、员工住宅。直到1929年12月底,松下电器才感受到了危机的压力:销售额剧减一半,仓库里堆满滞销品。更糟糕的是,公司刚刚贷款建了新厂,资金极端缺乏,如果滞销情况持续下去,整个松下电器很快就会倒闭。就在此时,松下幸之助偏偏病倒在床上。如何渡过这场危机?当时代行社长职务的井植岁男等高级主管,向正在休养的松下汇报他们研究的方案:为应付销售额减少一半的危机,只好减少公司一半的生产量,员工也必须裁减一半。这是一个渡过难关的最佳方案。听到这个方案,松下有了精神。他指示:"生产额立即减半,但员工一个也不许解雇。不过,员工必须全力销售库存产品。用这个方法,先渡过难关,静候时局转变。""可以不解雇员工,但是既然开工半天,就该减薪一半。员工不会有意见。"有的主管建议。"半天工资的损失,是个小问题,使员工们有以工厂为家的观念才是最重要的。所以任何一个员工都不得解雇,必须照旧雇用。"松下十分肯定地说。当员工们听到松下的指示时,无不欣喜,因而人人奋勇、个个尽力,销售库存产品。松下的方法灵得让人吃惊,由于员工的倾力推销,公司产品不但没有滞销,反而造成产品不够销售的现象,并创下公司历年最高销售额的记录。就在这场世界经济大危机中,其他工厂纷纷倒闭,而松下公司,继兴建第四厂后,又创建了第五、第六厂。

危机与困境对于生性脆弱的人来讲,那无疑是一个万丈深渊;但对于一个充满机智又富于冷静思考的人,这或许正是一个考验自己的机会。方法与奇迹都只属于有着冷静的头脑的人。

第 5 章

自我激励：把握人生机遇的关键点

第 1 节　自我激励的作用

◆ 自我激励就是给自己一个希望

一位弹奏三弦琴的盲人，渴望在有生之年看看世界，但是遍访名医，都说没有办法。有一日，这位民间艺人碰见一个道士，道士对他说："我给你一个保证治好眼睛的药方，不过，你得弹断一千根弦，方可打开这张药方。在这之前，不能生效的。"

于是这位琴师带了一个也是双目失明的小徒弟游走四方，尽心尽意地以弹唱为生。一年又一年过去了，在他弹断了第一千根弦的时候，这位民间艺人迫不及待地将那张一直藏在怀里的药方拿了出来，请明眼的人代他看看上面写着的是什么药材，好医治他的眼睛。

明眼人接过药方来一看，说："这是一张白纸嘛，并没有写一个字。"那位琴师听了，潸然泪下，突然明白了道士那"一千根弦"背后的意义。就是这一个"希望"，支持他尽情地弹下去，53 年他就如此活了下来。

这位老了的盲眼艺人，没有把这故事的真相告诉他的徒儿。他将这张白纸郑重地交给了他那也是渴望能够重见光明的弟子，对他说："我这里有一张保证治好你眼睛的药方，不过，你得弹断一千根弦才能打开这张纸。现在你可以去收徒弟了，去吧，去游走四方，尽情地弹唱，直到那一千根琴弦断光，就有了答案。"

希望是人生的方向，是心中一盏不灭的明灯，是我们前进的动力。面对恐惧时，希望使人从容淡定；面对挫折危险时，希望让人获得巨大的能量。

有个叫布罗迪的英国教师，在整理阁楼上的旧物时，发现了一叠练习册，它们是皮特金中学 B(2) 班 51 位孩子的春季作文，题目叫《未来我是……》。他本以为这些东西在德军空袭伦敦时被炸飞了，没想到它们竟安然地躺在自己家里，并且一躺就是 25 年。

布罗迪随手翻了几页，很快被孩子们千奇百怪的自我设计迷住了。比如：有个叫杰克的学生说，未来的他是海军大臣，因为有一次他在海中游泳，喝了 3 升海水，都没被淹死；还有一个叫亨瑞的说，自己将来必定是法国的总统，因为他能背出 25 个法国城市的名字，而同班的其他同学最多的只能背出 7 个；最让人称奇的，是一个叫戴维的盲学生，他认为，将来他必定是英国的一个内阁大臣，因为在英国还没有一个盲人进入过内阁。总之，31 个孩子都在作文中描绘了自己的未来：有当驯狗师的，有当领航员的，有做王妃的……五花八门，应有尽有。

布罗迪读着这些作文，突然有一种冲动——何不把这些本子重新发到同学们手中，让他们看看现在的自己是否实现了 25 年前的梦想。当地一家报纸得知他这一想法，为他发了一则启事。没几天，书信向布罗迪飞来。他们中间有商人、学者及政府官员，更多的是没有身份的人，他们都表示，很想知道儿时的梦想，并且很想得到那本作文簿，布罗迪按地址一一给他们寄去。

一年后，布罗迪身边仅剩下一个作文本没人索要。他想，这个叫戴维的人也许死了。毕竟 25 年了，25 年间是什么事都会发生的。

就在布罗迪准备把这个本子送给一家私人收藏馆时，他收到内阁教育大臣布伦克特的一封信。他在信中说，那个叫戴维的就是我，感谢您还为我们保存着儿时的梦想。不过我已经不需要那个本子了，因为从那时起，我的梦想就一直在我的脑子里，我没有一天放弃过。25年过去了，可以说我已经实现了那个梦想。今天，我还想通过这封信告诉我其他的30位同学，只要不让年轻时的梦想随岁月飘逝，成功总有一天会出现在你的面前。

布伦克特的这封信后来被发表在《太阳报》上，因为他作为英国第一位盲人大臣，用自己的行动证明了一个真理：假如谁能把15岁时想当总统的愿望保持25年，那么他现在一定已经是总统了。

希望就是如此给人信念与信心。相反，一个毫无希望的人会把自己的生活过得十分惨淡。

一个身患绝症的中年妇女，遇到了一位名满天下的名医。她特别希望能够得到他的免费医治——因为她实在拿不出钱来支付高昂的手术费与医药费。

让我们看看她是如何说服那名医生的吧。

妇女："医生，我希望您能为我治病，而且我相信您肯定能治好我的病。"

医生："不错，太太。我的医术是很好，不过您也得花一笔不少的医疗金。"

妇女："那您就不能免费为我治疗吗？要知道我已经身无分文。"

医生："你没有钱，还打算请最好的医生？！能给我一个理由吗？"

妇女："因为我还想去巴黎旅游，这需要一个好身体，就这些。"

医生："好吧。我从来只为心中存有希望的患者医治。"

希望是春天的一抹绿色、一株绿苗、一朵粉色花朵……它让我们感受到生活的美好，让我们热爱生活。

希望激励我们向着一切美好前行。排除路上的一切障碍，心中长存希望，是自我激励的一个好方法。

◆ 为我们自己喝彩

总有一些人爱挑自己的毛病，也专拣自己的短处来放大，这样的人不是严于律己，而是不够爱自己，在人生的跑道上不懂得自己给自己加油。不会欣赏自己的人，也得不到命运的垂青。

有一则英国寓言说：有一天，一个国王独自到花园里散步，使他万分诧异的是，花园里所有的花草树木都枯萎了，园中一片荒凉。后来国王了解到，橡树由于没有松树那么高大挺拔，因此轻生厌世死了；松树又因自己不能像葡萄那样结许多果子,也死了;葡萄哀叹自己终日葡匐在架上,不能直立,不能像桃树那样开出美丽可爱的花朵,于是也死了;牵牛花也病倒了,因为它叹息自己没有紫丁香那样的芬芳。其余的植物也都垂头丧气,没精打采,只有最细小的心安草在茂盛地生长。

国王问道:"小小的心安草啊,别的植物全都枯萎了,为什么你这小草这么勇敢乐观,毫不沮丧呢?"

小草回答说:"国王啊,我一点也不灰心失望。因为我知道,如果国王您想要一棵橡树,或者一棵松树、一丛葡萄、一株桃树、一株牵牛花、一棵紫丁香,等等,您就会叫园丁把它们种上,而我知道您希望于我的就是要我安心做小小的心安草。"

无论我们是一棵无人知道的小草,还是一株参天大树,何时何地都别忘了为我们自己喝彩。

人生来就需要得到鼓励和赞扬。许多人做出了成绩,往往期待着别人来赞许。其实光靠别人的赞许还是不够的,何况别人的赞许会受到各种外在条件的制约,难以符合你的实际情况或满足你真正的期盼。要保护自己的自信心和成功信念,不妨花些时间,恰当地给自己一些奖励。

有一位美国作家,他是靠为报社写稿维持生活的。他给自己定了一个目标,每周必须完成两万字。达到了这一目标,就去附近的餐馆饱餐一顿作为奖赏;超过了这一目标,还可以安排自己去海滨度周末。于是,在海滨的沙滩上,常常可以见到他自得其乐的身影。

作家劳伦斯·彼德曾经这样评价一些著名歌手:为什么许多名噪一时的歌手最后以悲剧结束一生?究其原因,就是因为,在舞台上他们永远需要观众的掌声来肯定自己。但是由于他们从来不曾听到过来自自己的掌声,所以一旦下台,进入自己的卧室时,便会倍觉凄凉,觉得听众把自己抛弃了。他的这一剖析,确实非常深刻,也值得深省。

与之相反的是,一些名垂千古的人都不持自我否定的态度,他们对自己只有打气而拒绝泄气。英国诗人华兹华斯毫不怀疑自己在历史上的地位,他预见到自己将来的名声。恺撒一次在船上遭遇暴风雨,艄公非常担心,恺撒说:"担心什么?你是和恺撒在一起。"

命运给我们在社会上安排了一个位置,为了不让我们在到达这个位置之前就跌倒，它让我们要对未来充满希望。正是由于这个原因，那些雄心勃勃的人都带有强烈的自信色彩，甚至到了让人难以容忍的地步，但这却是让他继续向前的动力。一个人的自信正预示着他将来的大有作为。

德国著名哲学家谢林曾经说过："一个人如果能意识到自己是什么样的人，那么，他很快就会知道自己应该成为什么样的人。但他首先得在思想上相信自己的重要，很快，在现实生活中，他也会觉得自己很重要。"对一个人来说，重要的是相信自己的能力，如果做到这一点，那么他很快就会拥有巨大的力量。

◆ 做最好的自己

有些人想做大事，却胸无大志，对自己的要求永远是"还好"就可以了。这样的人肯定会有很多局限性而难有大的突破和进展。实际上，凡是对自我无严明要求的人，都会给自己找退缩之路。

在古希腊，有同村的两个人，为了比高低，打赌看谁走得离家最远，于是同时却不同道地骑着马出发了。

一个人走了13天之后，心想："我还是停下来吧，因为我已经走了很远了，他肯定没有我走得远。"于是，他停了下来，休息了几天，准备返回，并且终于回到家，重新开始他的农耕生活。

而另外一个人却走了7年，都没回来，人们都以为这个傻瓜为了一场没有必要的打赌而丢了性命。

有一天，一群浩浩荡荡的大军向村里开来，村里的人不知发生了什么大事。当队伍临近时，突然有一个人惊喜地叫道："那不是克尔威逊吗？"只见消失了7年的克尔威逊已经成了军中统帅。

他下马后，向村里人致意，然后说："鲁尔呢？我要谢谢他，因为那个打赌让我有了今天。"鲁尔羞愧地说："祝贺你，好伙伴。我至今还是农夫！"

有多少不成功的人就是因为他们根本就不想成功。

也有许多颓废者，常常对他人说："得过且过，过一把瘾吧！""只要不饿肚子就行了!""只要不被撤职就够了!"

对前途和生活的要求低到不能再低的地步,怎么能够获得更高境界的成就?

雷纳斯·格利需先生说,做事若想达到最优境地,就得有远大的眼光和热诚的心意。

大音乐家奥里·布尔与他的提琴的故事,实在是我们最好的榜样。这位名震全球的音乐家一演奏起他的曲目,听众们就会惊叹不止。可是他们不知道他所下的苦心。当他还只有 8 岁时,常常深夜起床,拿出一只红色小提琴,奏起他日思夜想的歌曲,直到长大成人,从没离开过它。他奏出的优美婉转的歌声,真不知倾倒了多少听众,使他们像被飓风吹动的草木一般,跟着乐声舞动起来;又不知使多少听众受到了极大的感化,养成优雅的性格。它的声音好像微风送出的一阵阵花香,使无数听众忘了一切烦恼辛劳,如登仙境。

做最好的自己就是要不甘于眼下的状态,力求通过奋斗、努力来达到更卓越的成功,改写我们人生的历史。

人生在世就短暂的几十载,试想到了生命尽头的那一日,我们会不会因为总是得过且过而感到后悔?

与其等到将来的某日感慨没有后悔药,何不现在就要求自己时刻展现最好的自我?

第 2 节 为自己的人生绘上夺目的色彩

◆ 生命因为有梦想而丰满

梦想越高,人生就越丰富,达成的成就也就越卓绝;梦想越低,人生奋斗力便越差。这就是惯常说的:"期望值越高,达成期望的动力越大。"

把你的梦想提升起来。它不应该退缩在一个不恰当的位置。接受梦想的牵引吧！

一个梦想大的人，即使实际做起来没有达到最终目标，可他实际达到的目标可能比梦想小的人的最终目标还大。

生命正是因为有了多姿多彩的梦想而显得丰富、饱满。

美国北纽约州小镇上住着这样一个女人。

她从小就梦想成为最著名的演员。18岁时，在一家舞蹈学校学习三个月后，她母亲收到了学校的来信："众所周知，我校曾经培养出许多在美国甚至在全世界著名的演员，但是我们从没见过哪个学生的天赋和才能比你的女儿还差，她不再是我校的学生了。"

被退学后的两年，她一直靠干零活谋生。工作之余她申请参加排练。排练没有报酬，只有节目公演了才能得到报酬。但是她参加排练的每个节目都能公演。

两年以后，她得了肺炎。住院三周以后，医生告诉她，她以后可能再也不能行走了，她的双腿已经开始萎缩了。已是青年的她，带着演员梦和病残的腿，回家休养。

她始终相信自己有一天能够重新走路。经过两年的痛苦磨炼，无数次的摔倒，她终于能够走路了。又过了18年——整整18年！她还是没有成为她梦想的演员。

在她已经40岁的时候，她终于获得了一次扮演一个电视角色的机会。这个角色对她非常合适，她成功了。在艾森豪威尔就任美国总统的就职典礼上，有2900万人从电视上看到了她的表演；英国女王伊丽莎白二世加冕时，有3300万人欣赏了她的表演……到了1953年，看过她表演的人超过了4000万。

这就是露茜丽·鲍尔的电视专辑。观众看到的不是她早年因病致残的跛腿和一脸的沧桑，而是一位杰出的女演员的天才，一位不言放弃的人，一位战胜了一切困苦而终于取得成就的大人物。

心中充满梦想的人从不会产生悲观厌世的念头，他们更不会有空去想怎么消遣无聊的岁月。因为在他们看来，时间只怕不够实现梦想，哪里有那么多可以虚度的年华呢？

一个有了梦想的人，会感到有股强大的力量推着自己不断前进，而促使他们为自己的将来作精心的设计。从没听过任何一个有卓越成就的人是个毫无梦想、毫无计划的人，人生不相信误打误撞。

1976年的冬天，19岁的迈克尔在休斯敦一家实验室里工作，他希望自己将来从事音乐创作。写歌词不是迈克尔的专长，他找到善写歌词的凡内芮，同她一起创作。凡内芮了解到迈克尔对音乐的执着以及目前不知从何入手的迷茫，她决定帮助他实现梦想。她问迈克尔：

"想象你5年后的生活是什么样子？"

迈克尔沉思了几分钟告诉她："第一，五年后，我希望能有一张很受欢迎的唱片在市场上。第二，我能住在一个很有音乐氛围的地方，能天天与世界一流的乐师一起工作。"

凡内芮接着他的话说："我们现在把这个目标倒算回来。如果第五年，你有一张唱片在市场上，那么第四年你一定要跟一家唱片公司签约。

"第三年你一定要有一个完整的作品，可以拿给很多唱片公司听。

"第二年你一定要有很棒的作品开始录音了。

"第一年你一定要把你所有要准备录音的作品全部编曲，排练好。

"第六个月你就要把那些没有完成的作品修改好，然后让自己可以逐一筛选。

"第一个月你就要把目前这几首曲子完工。

"现在的第一个礼拜你就要先列出一张清单，排出哪些曲子需要修改，哪些需要完工。

"好了，现在我们不就已经知道你下个星期一要做什么了吗？"凡内芮一口气说完。

"你说你5年后，要生活在一个很有音乐氛围的地方，然后与一流的乐师一起工作，对吗？"她补充说，"如果，第五年你已经与这些人一起工作，那么第四年你应该有自己的一个工作室或录音室。第三年，你可能得先跟这个圈子里的人在一起工作。第二年，你应该搬到纽约或是洛杉矶去住了。"

凡内芮的5年规划体系让迈克尔很受益。次年（1977年）他便辞掉了令许多人羡慕的太空总署的工作，离开了休斯敦，搬到洛杉矶。大约在第六个年头的1983年，一位当红歌手诞生了——迈克尔的唱片专辑在北美年畅销几千万张，他一天24小时都与顶尖的音乐高手在一起工作。

一个有着梦想的人会无比坚定、坚强，面对逆境从不恐惧。

◆ 热忱是追求成功人生的不竭动力

每个人都希望取得卓越的成就，但有些人一提到自己的梦想却毫无热忱，长此下去怕很难有大的突破。

热忱是来自于人内心的一股力量，它促使你不断前进。

热忱是点燃事业的火种，是每个卓越人士具备的品质。美国著名人寿保险推销员弗兰克·帕克，就是凭借着热忱创造了事业的辉煌。

最初，帕克是一名职业棒球运动员，但被球队开除了，原因是动作无力，没有激情。这让他遭受到了一次很大的打击。球队经理对帕克说："你这样对职业没有热忱，不配做一名棒球职业运动员。无论你到哪里做任何事情，若不能打起精神来，你永远都不可能有出路。"

朋友又给帕克介绍了一个新的球队。在到达新球队的第一天，帕克作出了一生最重大的转变，他决定要做美国最有热情的职业棒球运动员。在球场上，帕克就像装了马达一样，强力地击出高球，把接球人的手臂都震木了。

有一次，帕克像坦克一样高速冲入三垒，对方的三垒手被帕克强烈的气势给镇住了，竟然忘记了去接球，帕克赢得了胜利。热忱给帕克带来了意想不到的结果，他的球技好得出乎他的想象。更重要的是，由于帕克的热忱感染了其他的队员，大家也变得激情四溢。最终，球队取得了前所未有的佳绩。

当地的报纸对帕克大加赞扬："那位新加入进来的球员，无疑是一个霹雳球手，全队的人受到他的影响都充满了活力，他们赢了，这是本赛季最精彩的一场比赛。"

帕克由于对工作和球队的热忱，他的薪水由刚入队的 500 美元提高到约 4000 美元，是原来的 7 倍多。在以后的几年里，凭着这一股热情，帕克的薪水又增加了约 50 倍。

后来由于腿部受伤，帕克离开了心爱的棒球，来到一家著名的人寿保险公司当保险助理，但整整一年都没有一点业绩。帕克又迸发了像当年打棒球一样的对工作的热忱，很快他就成了人寿保险界的推销明星。后来他就一直从事这个职业，做得很不错。

帕克在回顾他的职业生涯时深有感触地说："我从事推销 30 年了，见过许多人，由于对工作保持着热忱的态度，他们的收效成倍地增加；我也见过另一些人，由于缺乏热忱而走投无路。我深信热忱的态度是成功推销的最重要因素。"

每个人心上都有热忱的种子，但许多人由于对生活感知的麻木，渐渐地将其隐藏在心中的某个角落。热忱是追求卓越人生的不竭动力，并且还可以传染给你身边的人。

一位受邀演讲的人，原本预定只演讲45分钟，后来却足足讲了2个小时还欲罢不能。演讲结束时，在场的1万名听众起立鼓掌达5分钟之久。

到底是什么精彩的演说内容，得到这么热烈的回响？

他演说的内容，还不及他演说的方式重要。听众是被演说者的热忱感动，大多数的人们根本记不清楚他说了些什么。

法国英雄圣女贞德凭着一柄圣剑和一面圣旗，外加她对自己使命坚定不移的信念，为法国的部队注入了即使国王和大臣也无法提供的热忱。

正是她的热忱，扫除了前进道路上的一切阻碍。

一旦缺乏热忱，军队将无法克敌制胜，艺术品将无法流传后世；一旦缺乏热忱，人类就不会创造出震撼人心的音乐，不会建造出令人难忘的宫殿，不能产生驯服自然界的各种强悍的力量，不能用诗歌去打动心灵，不能用无私崇高的奉献去感动这个世界。

也正是因为热忱，伽利略才举起了他的望远镜，最终让整个世界都拜倒在他的脚下；哥伦布才克服了艰难险阻，领略了巴哈马群岛清新的晨风。

用心挖掘你的热忱吧，如果连自己都打动不了，又如何让别人喜爱你？命运之神也只会眷顾热爱它，对它抱有极大热忱的人。

◆ 执着于你的信念

一些失败的人总是不断更改他的人生信仰和理想，一会儿要做工程师，一会儿想做公务员，有时又觉得当律师也不错。人的精力是有限的，在不同的梦想之间来回徘徊，只会让你一无所获。

成功的人都是执着于信念的人。

罗杰·罗尔斯是纽约历史上第一位黑人州长，在他就职的记者招待会上，罗尔斯对自己的奋斗史只字不提，只说了一个非常陌生的名字——皮尔·保罗。后来人们才知道这是他小学的一位校长。

罗尔斯出生在一个异常贫困的地方，住的是著名的贫民窟。

罗尔斯上小学时，正值美国嬉皮士流行，这儿的穷学生比"迷惘的一代"还要无所事事，他们旷课、斗殴，甚至砸烂教室的黑板。当罗尔斯从窗台跳下，伸着小手走向讲台时，校长说，我一看你修长的小拇指就知道，将来你是纽约州的州长。当时罗尔斯大吃一惊，因为长这么大，只有奶奶让他振奋过一次，说他可以成为5吨重的小船的船长。罗尔斯记下了校长的话并且相信了它。从那天起，纽约州长就像一面旗帜，他的衣服不再沾满泥土，他说话时也不再夹杂污言秽语，他开始挺直腰杆走路，他成了班主席。在以后的40多年间，他没有一天不按州长的身份要求自己。51岁那年，他真的成了州长。

在他的就职演说中有这么一段话："信念值多少钱？信念是不值钱的，它有时甚至是一个善意的欺骗，然而你一旦坚持下去，它就会迅速升值。"

有人说成功的人生都是相似的，不成功的人生则各有各的失败之处。信念是人生的明灯，指引我们向一个个人生目标迈进。让我们来看一个小男孩的故事。

男孩的父母希望自己的儿子能成为一位体面的医生，可是男孩读到高中便被计算机迷住了，整天鼓捣着一台现在看来十分落后的苹果机，他把计算机的主板拆下又装上。

男孩的父母很伤心，告诉他，他应该用功念书，否则根本无法立足社会。可是，男孩说："有朝一日我会开一家公司。"父母根本不相信，还是千方百计按自己的意愿培养男孩，希望他能成为一位医生。

不久，男孩终于按照父母的意愿考入了一所医科大学，可是他只对电脑感兴趣。在第一学期，他从零售商处买来降价处理的IBM个人电脑，在宿舍里改装升级后卖给同学。他组装的电脑性能优良，而且价格便宜。不久，他的电脑不但在学校里走俏，而且连附近的法律事务所和许多小企业也纷纷来购买。

第一个学期快要结束的时候，他告诉父母，他要退学。父母坚决不同意，只允许他利用假期推销电脑，并且警告他，如果一个夏季销售不好，就必须放弃电脑。可是，男孩的电脑生意就在这个夏季突飞猛进，仅用了一个月的时间，他就完成了18万美元的销售额。

他的计划成功了，父母很遗憾地同意他退学。

他组建了自己的公司，打出了自己的品牌。在很短的时间内，他良好的业绩引起投资家的关注。第二年，公司顺利地发行了股票，他拥有了1800万美元的资金，那年他才23岁。

10年后，他创下了类似于比尔·盖茨般的神话，拥有资产达43亿美元。他就是美国戴尔公司总裁迈克尔·戴尔。

比尔·盖茨曾亲自飞赴他的住所向他祝贺，并对他说："我们都坚持自己的信念，并且对这一行业富有激情。"

成功的人懂得何时坚持、何时放弃，失败的人却刚好相反。

约在一个半世纪以前，一艘英国商船沉没于马六甲海域，这艘从广州驶出的船上载满古老中国的丝绸、瓷器及珍宝。

10年前，一位名叫鲍尔的人偶然从相关资料上获此信息，便下决心打捞这艘沉船。他在深黑的海底摸索了漫长的8年，探寻了70多平方公里的海域，终于找到了海底的宝物。

然而耗资是巨大的，工作刚进行了30天，就用去几万元，两位最初的合伙人认定无望而离去。之后没有一个合伙人能坚持得更久，其中有一位鲍尔的好友，几次加入又几次离去，并一次次劝说鲍尔放弃这"疯子"般的念头。

事后鲍尔说他其实一直有放弃的念头，每次精疲力竭地从海底潜回时他都想永远不再下去了，他甚至怀疑早年的记载有误，而且8年来他已耗尽巨资债台高筑，但他终于坚持到了成功的这一天。

正如前面的罗尔斯所说，信念本身并不值钱，但你只需对它充满执着的态度，那么它发挥的作用将是无穷无尽的，一定会让坚信它的每个人都受益一生。

◆ 机遇每天都会降临

人们通常会抱怨自己运气不好，总没有合适的机遇让自己发迹。其实，机遇曾叩响过每个人的门，却很少有人开门迎接它。

许多人总以为机遇与金钱、权力相伴，却忘记了机遇最会乔装改变自己。

20世纪20年代有一位著名的体育播音员，名叫格兰汉姆·麦克奈米，当时无线广播事业羽翼未丰。麦克奈米很年轻，是一个没有名气的歌手，找不到工作。有一天，他接到一个电话，要他前往纽约市刑事法庭履行陪审员义务。

在休庭时，他看见有人在街对面的建筑物上悬挂标语。标语上只有4个没有意义的字母——仅此而已。他很好奇，就走上前去问悬挂标语的工人那些字母是什么意思。原来这4个字母是一家广播电台的代码。他对广播电台一无所知，但认为广播电台很可能需要一位歌手。没过多久,他就来到一间小办公室里,与电台经理交谈起来。经理摇头说他们不需要歌手。麦克奈米虽然遭到善意的回绝,但他趁机问了一些问题,知道了广播事业的运行机制。经理见他对这一行业确实有兴趣,对麦克奈米说:"你愿不愿意看看广播电台是什么样的?"

此时此刻,麦克奈米满怀热情,好运随之而来。他们围着电台转了一圈,经理若有所思地说麦克奈米有一副好嗓子,电台正需要一个播音员,让麦克奈米不妨试一试音。10分钟后,麦克奈米试完了音。又过了10分钟,麦克奈米被电台聘用了。于是,他步入了广播事业的行列中,并取得了令人瞩目的成就。

那4个没有意义的字母,看到的人不止麦克奈米一人,但却只有他一人推开了机遇的大门。

法国罗曼·罗兰说:"人生往往有些决定终身的瞬间,好似电灯在大都市的夜里突然亮起来一样,永恒的火焰在昏黑的灵魂中燃着了。只要一颗灵魂中跳出一点火星,就能把灵火带给那个期待着的灵魂。"这句话里,灵魂中跳出的那点"火星",就是当人面对机遇时如何选择的问题。

"上帝"本来将机遇平等地赐予了每一个人,人人都是"上帝"的孩子,然而,并不是每个人都能把握机遇,获得机遇的青睐。"上帝"从不将机遇白白送给任何一个人,获得机遇都需要付出成本。所不同的是,有的人付出了高成本,有的人付出了低成本。

在奥斯维辛集中营,一个犹太人对他的儿子说:"现在我们唯一的财富就是智慧,当别人说1加1等于2的时候,你应该想到大于2。"纳粹在奥斯维辛毒死536724人,父子俩却活了下来。

1946年,他们来到美国,在休斯敦做铜器生意。一天,父亲问儿子一磅铜的价格是多少,儿子答35美分。父亲说:"对,整个得克萨斯州都知道每磅铜的价格是35美分,但作为犹太人的儿子,你应该说35美元。你试着把一磅铜做成门把看看。"

20年后,父亲死了,儿子独自经营铜器店。他做过铜鼓,做过瑞士钟表上的簧片,做过奥运会的奖牌。他曾把一磅铜卖到3500美元,这时他已是麦考尔公司的董事长。

然而,真正使他扬名的,是纽约州的一堆垃圾。

1974年,美国政府为清理给自由女神像翻新扔下的废料,向社会广泛招标。

但好几个月过去,没人应标。正在法国旅行的他听说后,立即飞往纽约,看过自由女神像下堆积如山的铜块、螺丝和木料,未提任何条件,当即就签了字。

纽约许多运输公司对他的这一愚蠢的举动暗自发笑。因为在纽约州,垃圾处理有严格的规定,弄不好会受到环保组织的起诉。就在一些人要看这个得克萨斯人的笑话时,他开始组织工人对废料进行分类。他让人把废铜熔化,铸成小自由女神像;他把木头等加工成底座;废铅、废铝做成纽约广场的钥匙。最后,他甚至把从自由女神身上扫下的灰尘都包装起来,出售给花店。不到3个月的时间,他让这堆废料变成了350万美元的现金,每磅铜的价格整整翻了1万倍。

机遇,从来不会丢失,你错过了,却被别人把握了。

事实上,你不需要把握所有的机遇,如果10个机遇你可以把握到1个,你就已经很成功了。

爱因斯坦说:机遇偏爱那些有所准备的头脑。人生要把握机遇,必须在机遇来临前,多去尝试,若没有心理准备,即使再好的机遇也会溜掉。当那只伟大的苹果遭遇伟人牛顿,便产生了万有引力定律。但假使有一只苹果砸在没有思考准备的脑袋上,也同样无济于事。机遇一旦失去,便难以找回。

在能够把握机遇并且充分地利用机遇的人那里,机遇时刻都存在着,他们对机遇就像有经验的船夫利用风一样,两者之间似乎有一种默契;而在对机遇毫无知觉也不会很好地利用的人那里,即使机遇来到眼前,他也不能及时地抓住,常常让机遇白白地失去。

如果你在失败者的队伍中询问其失败的原因,他们中的大多数人将会说:我们之所以失败,是因为没有机遇,没有人帮助、提拔。他们会说,优秀的人太多了,高等的职位已被别人占据,一切好的机遇都已被别人捷足先登。

能够成功的人却不会如此推诿。他们默默地工作,从不怨天尤人。他们稳扎稳打,不指望别人的帮助,他们依靠的是自己。

亚历山大在一次胜仗之后,有人问他:"假如有机遇,你想不想把第二个城堡攻下来?"

"什么?机遇?不!我从不等待机遇,我会去制造机遇!"

因为机遇每天都会降临,但降临的时候希望你不是在睡梦中。

第6章

识别他人：利用他人情绪管理他人

第1节 识别他人情绪的意义

◆ 知彼方能影响他人

情商是一种影响力，但影响他人是建立在了解他人的基础之上的。

我们只有在知晓他人的真实意图和一些个性的情况下，才能在做事时收到圆满效果，达成我们的心愿。

英国女王伊丽莎白访问日本，有一项活动是访问NHK广播电台。当时NHK派出的接待人是该公司的常务董事野村中夫。他接到这个重大任务之后，便开始搜集有关女王的一切资料并且进行仔细研究，以便在初次见面的时候引起女王的注意而给女王留下深刻的印象。

于是，他开始绞尽脑汁在礼物上寻求突破点，可是一直都没有发现更好的办法。偶然之间，他有了一个新的发现，英国女王的爱犬是一种长毛狗，灵感就从这里来了。他马上跑到服装店特制了一条绣有女王爱犬图样的领带……

在迎接女王那天，他特意打上了这条领带。果然，女王一眼便注意到了这条领带，微笑着走过来和他握手。野村中夫用这种无形的礼物打动了女王，当然这所有的一切均来自于他对女王的了解。

没有了解"对手"的战役，注定要失败而归的，如果并不清楚他人心理的话，高情商的人绝不会贸然出击的。

陈平在当初投奔汉王刘邦的时候，曾发生过一宗险事：那是春夏之交的时节。一天中午，天空灰蒙蒙的，碧绿的田野一片静寂。这时。从楚王项羽的军营里走出一个人，身穿将军服，佩带一把宝剑，警戒地四下看着，顺着田间小路，急匆匆地向黄河岸边赶去。这个人就是陈平。他偷渡黄河去投奔汉王刘邦。

陈平赶到河边，轻声叫来一艘渡船。只见船上有四五个人，都是粗蛮大汉，脸上露出凶相。当时陈平已觉察到，上这条船有些不妙，但又没别的去路。他担心误了时间，楚兵会很快追赶上来，只好上了船。

船只慢慢离开了岸，陈平总算松了口气，但他敏锐地观察到，船上这几个人窃窃私语，相互递着眼色，流露出不怀好意的举动。

"看来是个大官，偷跑出来的。"

"估计他怀里一定有不少珍宝和钱，嘿嘿。"

坐在舱内的陈平听到船尾两个人这样低声议论，并发出阴险的笑声时，不禁有些紧张。心想："他们要谋财害命！我虽然身上没有什么财物和珍宝，我只是独自一人，只有一把剑，肯定斗不过他们。如何安全地摆脱危险的困境呢？"

这时船到了河中央时，速度明显地减缓了。

"他们要下手了，怎么办？"陈平在上船时已考虑了一计策。

他从船内站起来，走出船舱说："舱内好闷热啊！热得我都快要出汗了。"

陈平边说边佯装若无其事地摘下宝剑，脱掉大衣，放在船舷上，并帮他们摇船。这一举动，出乎他们的预料，使他们一时不知道该怎么办才好。陈平很用力地摇船。过了一会儿，他又说："天闷热，看来要来一场大雨了。"说着，又脱下一件上衣，放在那件外衣之上。过了一会儿，再脱下一件。最后，他索性脱光了上衣，赤着身子，帮他们摇船。

船上那几个人，看见陈平没有什么财物可图，就此打消了谋害他的念头，很快把船划到对岸了。

陈平在这样的情况下，以他一介文士的身份，不论是向船家极力辩解还是凭一时血气之勇拔剑与船家展开搏斗，恐怕都难以逃脱被船家杀害的结局。陈平能在间不容发的紧张瞬间想出办法，不露声色地把危机消解于无形，不愧为刘邦手下的一大谋士。

陈平的脱险得益于他出色的观察，以及机智的方法。有句话叫作"知己知彼，百战不殆"。这句话用在任何场合都合适。

我们只有清楚对手的地位、身份、个性等之后，才能够"对症下药"，这是找到解决问题方法的关键因素，也唯有如此我们才有获胜的可能。

◆ 角色转换与情绪表现

每个人都有许多不同的角色，每个人都有许多张不同的面孔，在生活中，我们不可避免地要扮演许多不同的角色。这也是为什么我们在不同的人眼中形象也不同的缘故。

在面对不同的人与事的时候，人们都有着与之相对应的情绪和心理表现。所以，要了解他人的时候，必须充分发挥自己的情商，理解他们承担的每一个角色之间的关系，并且对此作出准确的判断。

比如说，一个女性通常情况下同时可以是母亲、妻子和家庭主妇。她还可以有自己的职业角色，此外她还可以扮演女儿、阿姨等角色，而每一个角色在不同的场景中又可以分化出许多新的角色，比如说，一个当医生的母亲，对于自己的孩子来说，还可以是家庭教师、体贴入微的女性朋友、亲密的玩伴、给他们带来安慰、理解和体谅的人、决策者等。

从一个角色转换到另一个角色并不总是一件容易的事情。比如说，一位先生晚上在家里照料生病的父母，而第二天早上他必须到工作单位上班。但是对于他来说，一下子从做儿子的角色转换到职业经理等角色是很困难的，因为他的心里时刻都在惦记着自己的父母。

这样的情况对于许多男性来说都很相似。有时候男性在工作中暗自积累了许多怨气和愤懑，在公司里可能由于手头的任务忙不完而忽略了自己的情感。而到了晚上，他的太太最好表现得体贴入微，因为她先生还没有办法完全从职业角色中转换出来，一个小小的刺激都可能酿成很大的家庭矛盾。

通常人们所承担的各种角色不都是可以被清楚地加以区分的，有的角色相互之间可能会有重叠的地方。但是每一个角色的要求都是不同的。一种言行举止对于某一种角色而言可能很得体，而对于另一种角色来说则可能不再合适。如果不能很好地把握分寸，那么情况就会变得令人尴尬。

设想一下：在家里抚摸一下孩子的头发是一件很平常的事情，但是如果你在公司里依然如此的话，情况就会变得很尴尬，但愿你不要那么做。

在人们平时所承担的各种角色中，隐藏着许多特定的感觉和需求，接下来请看下面这些例子：

——那些整天对别人的事情指手画脚的人，他们的意图是什么呢？通常说来，他们希望通过自己的表现得到其他人的肯定和表扬，他们觉得这样做可以使别人显得很渺小，却可以使自己感觉很了不起。

这一类人总是会把自己放在第一位，他们需要通过这种"自以为是"的行为方式，把自己的意愿强加给其他人。

——那些整天无休止的抱怨者，他们心里可能对于现实世界十分不满，并且希望自己看待事物的角度和视野，能够得到其他人的认同。

如果遇到不同的意见，那么他们会觉得这再一次证实了自己对于外部世界的看法（这些看法在别人的眼中可能完全是偏见）。这些人在平日里多半会意志消沉，总是希望别人能够拉自己一把。因此，他们在寻找"精神上的同盟者"。

——那些总是觉得自己对别人有所亏欠的人，他们总是追求尽善尽美，总是希望能够达到所有人的要求，但这是不可能的。因此这一类人总是疲于奔命，永远为了那些"不可能完成的任务"而辛勤努力。

在这些不同类型者的不同举止中，包含着许多不同的心理需求。如果你想了解他们的心理情绪，那么你就得积极有效地应对类似的情况。

一位正在读MBA的女老板，对同学说她的脾气特别暴躁，一点小事就怒发冲冠。她的同学听后，只是微笑着问她："你通常是对谁大发雷霆呢？""我的下属啊！"女老板非常不解地回答，对方这才给了答案："问题就出在这里，不是说你的脾气不好。如果真如此，那么你为何不会在市长面前发火呢？"

女老板听了也恍然大悟，声称感谢他的指点。

亚历山大大帝骑马旅行到俄国西部。一天，他来到一家乡镇小客栈。为进一步了解民情，他决定徒步旅行。当他穿着没有任何标志的平纹布衣走到一个三岔路口时，记不清回客栈的路了。

亚历山大无意中看见有个军人站在一家旅馆门口，于是他走上去问道："朋友，你能告诉我去客栈的路吗？"

那军人叼着一只大烟斗，头一扭，高傲地把这个身着平纹布衣的旅行者上下打量一番，傲慢地答道："朝右走！"

"谢谢！"大帝又问道，"请问离客栈还有多远！"

"一英里。"那军人生硬地说，并瞥了陌生人一眼。

大帝抽身道别，刚走出几步又停住了，回来微笑着说："请原谅，我可以再问你一个问题吗？如果你允许我问的话，请问你的军衔是什么？"

军人猛吸了一口烟说："猜嘛。"

大帝风趣地说："中尉？"

那烟鬼的嘴唇动了一下，意思是说不止中尉。

"上尉？"

烟鬼摆出一副很了不起的样子说：

"还要高些。"

"那么，你是少校？"

"是的！"他高傲地回答。

于是，大帝敬佩地向他敬了礼。

少校转过身来摆出对下级说话的高贵神气，问道："假如你不介意，请问你是什么官？"

大帝乐呵呵地回答："你猜！"

"中尉？"

大帝摇头说："不是。"

"上尉？"

"也不是！"

少校走近仔细看了看说："那么你也是少校？"

大帝静静地说："继续猜！"

少校取下烟斗，那副高贵的神气一下子消失了。他用十分尊敬的语气低声说："那么，你是部长或将军？"

"快猜着了。"大帝说。

"殿……殿下是陆军元帅吗？"少校结结巴巴地说。

大帝说："我的少校，再猜一次吧！"

"皇帝陛下！"少校的烟斗从手中一下掉到了地上，猛地跪在大帝面前，忙不迭地喊道："陛下，饶恕我！陛下，饶恕我！"

"饶你什么？朋友。"大帝笑着说，"你没伤害我，我向你问路，你告诉了我，我还应该谢谢你呢！"

这位少校的情绪转变其实与上面那位读MBA的女老板一样，因为他们所面对的对象不同，表现的心理与情绪也截然相反。

我们想客观而全面地认识一个人，就必须注意到他们的不同角色转换，以及转变之后的变化。

第2节　识人有术

◆ 听得懂"弦外之音"

沟通的成败往往与情商的高低有直接关系，因为一个不会听"弦外之音"的人，不会是个沟通高手。听他人的言外之意属于识别他人情绪的范畴。

王坤准备借助于好友赵广的路子做笔生意，可就在他将一笔巨款交给赵广的第二天，赵广暴病身亡。王坤立刻陷入了两难境地：若开口追款，太刺激赵广的未亡人；若不提此事，自己的局面又难以支撑。

帮忙料理完后事，王坤是这样对赵夫人说的："真没想到赵哥走得这么早，我们的合作才开始呢。这样吧嫂子，赵哥的那些关系户你也认识，你就出面把这笔生意继续做下去吧！需要我跑腿的时候尽管说，吃苦花力气的事情我不怕。你看困难大吗？"

赵妻见他虽然表面上并不是要追款，但实际上并非如此，因为王坤的言外之意是：只能是跑腿花力气，却不熟悉那些门路。

于是赵妻反过来安慰他道："这次出事让你的生意受损失了，我也没法干下去，你还是把钱拿回去再找机会吧。"

赵妻是个非常聪慧的人，她很明白王坤的意思。这样也避免了他们的尴尬与可能上升的矛盾。

但并不是所有人都能如此，一些不能准确抓住他人言语中信息的人，有时还会惨遭失败。

沈万三秀是明朝初年江苏昆山一带有名的大富翁。他原名沈富，因当时民间习惯将名门望族中的人称作"秀"，连上姓名和排行，因此他又被称作沈万三秀。至于其中再嵌上一个"万"字，则是因为他拥有万贯家财。

沈万三秀竭力向刚刚建立的明王朝表示自己的忠诚，拼命地向新政府输银纳粮，讨好朱元璋，想给他留个好印象。

朱元璋于是下令要沈万三秀出钱修金陵的城墙。沈万三秀负责的是从洪武门到西门一段，占金陵城墙总工程量的三分之一。可沈万三秀不仅按质量提前完了工，而且还提出由他出钱犒劳士兵。

沈这样做，本来也是想讨好朱元璋，但没想到弄巧成拙。朱元璋一听，当即火了，他说："朕有百万雄师，你犒劳得了吗？"

沈万三秀没听出朱的弦外之音，面对如此诘难，他居然毫无难色，表示："即使如此，我依旧可以犒赏每位将士银子一两。"

朱元璋听了大吃一惊。在与张士诚、陈友谅、方国珍等武装割据集团争夺天下时，朱元璋就曾经由于江南豪富支持敌对势力而吃尽苦头。现在虽已建国，但国强不如民富，这使朱感到无法忍受。如今沈万三秀竟然僭越，想代天子犒赏三军，仗着富有将手伸向军队，更使朱元璋火冒三丈。

但他没马上表露出怒意，只是沉默了一下，冷言道：

"军队朕自会犒赏，这事你就不必操心了。"

朱元璋决意治治沈的骄横之气。

一天，沈万三秀又来大献殷勤，朱元璋给了他一文钱。

朱元璋说："这一文钱是朕的本钱，你给我去放债。只以一个月作为期限，第二日起至第三十日止，每天取一对合。"

所谓"对合"是指利息与本钱相等。也就是说，朱元璋要求每天利息为百分之百，而且是利滚利。

沈万三秀虽然浑身珠光宝气，但腹中空空，财力有余，智慧不足。他心想，这有何难！第二天本利2文，第三天4文，第四天才8文。区区小数，何足挂齿？于是非常高兴地接受了任务。

可是，他回家仔细一算，不由得傻眼了，虽然到第十天本利总共也不过512文，可到第二十天就变成了524288文，而到第三十天也就是最后一天，总数竟高达

536870912文。要交出5亿多文钱，沈万三秀只能倾家荡产了。

后来，沈万三秀果然倾家荡产，朱元璋下令将沈家庞大的财产全部抄没后，又下旨将其全家流放到云南边地。

沈万三秀的悲剧恰恰是由他听不懂皇帝言外之意的结果，一味地奉承，但显然马屁拍错了地方，而且也没能领会朱元璋的意思，最后只有败北。

听得懂"弦外之音"是为人处世的必要本领，也是一种交往之技，更是我们情商的体现，因为它直接关系到我们人际关系的好坏和做事的成败。

◆ "阅读"他人的眼睛

著名作家爱默生如此形容过我们的双眸："眼睛如同我们的舌头一样能表达，只是它的优势不需要任何词典，就能被全世界理解。"

为什么有那么多的人注意他人的眼神，就是因为它是"心灵的窗户"，我们可以通过它窥见一个人的内心世界。

伊丽娜是某外企公司人事部经理，被邀请参加一个世界著名公司的人际关系培训班结业典礼。伊丽娜打算在了解公司讲师的素质后再决定自己是否参加培训。

坐在前排右边，看着那些结业的人用被强化训练出来的积极热情的语言，振奋地表达自己的体会。那位主讲老师的脸上始终挂着一个定格的笑容，但是伊丽娜总感到有什么使她困惑，无法捉摸那笑容的背后，到底是真诚还是客套，无法相信那张脸的诚意，更无法被那个标准的肌肉造型的笑容感染。典礼结束时，伊丽娜走向那位讲师做自我介绍，在他们握手的一刹那间，伊丽娜与他的眼睛直视，伊丽娜这才明白：原来困扰我的是他那双眼睛。

伊丽娜形容那双眼睛："看起来阴冷、高深莫测、虚实不定。那双眼睛对我并没有兴趣，它只是漠然地在我身上扫了一遍。这双眼睛与他的笑脸是那么不和谐，这双眼睛里没有一丝笑意和温暖。我的困惑终于解除了，原来他的笑是强化培训出来的职业笑容。他的心中并没有笑，这些全都通过眼睛表现出来。眼睛是心灵的窗口，一个只有脸上微笑，心灵没有微笑的人能是一个优秀的人际关系讲师吗？他阴郁的眼神似乎在向我宣示：'我的主人是个非常虚伪的人，他的内心没有善良的阳光。'"伊丽娜最终没有参加这个公司的培训班。

我们常说"眼睛是心灵的窗户"。的确是这样，眼睛同人们的思想感情有很大关系。当一个人对某个人或某样东西发生兴趣时，他的眼睛肯定会有一系列的复杂活动，如视线转移、瞳孔变化等等。这一系列复杂的活动，一般说来都能准确地反映出这个人当时的心情。老练的便衣警察能在人流如潮的商店中，准确地看出谁是扒手，谁是流氓，凭的就是对眼睛的观察。一般顾客的眼睛，往往只注意商品，而小偷或流氓的眼睛，却总在顾客的口袋或女人的身上巡视。

在人类的活动中，用眼睛来表达的方式和内容如此丰富、含蓄、微妙、广泛，眼神的力量远远超出我们用语言可以表达的内容。美国身体语言专家福斯特在他的书《身体语言》中写道："尽管我们身体的所有部分都在传递信息，但眼睛是最重要的，它在传送最微妙的信息。"每天人们都是用目光默默无声地互通信息，目光在面对面的沟通交流中起着重大的作用，它决定着你能否有效地与对方交流。一个不能运用目光沟通的人不会是个高效的交流者。

《法制日报》曾报道了这样一条消息：美国加利福尼亚州一位叫拉尔的警察吃了官司，原因是有7名女同事向法庭投诉，说拉尔的眼睛不停地盯住她们，使她们感到不舒服，拉尔自己辩护说，他从未调戏女同事或触摸过她们。但加利福尼亚州上诉法庭判定，拉尔的恼人及骇人的凝视习惯是淫亵的，拉尔应被革职。

假设一个善良的人，突然在一条僻静的小路上遇上了持刀抢劫的强盗，他们眼神的互换就很有趣。一开始，强盗悠闲地横在路上，眼睛望着手中玩弄的刀，为的是引起对方对凶器的重视。嘴上说："把钱留下！"行人很害怕，眼睛也不敢直视强盗，嘴上不断说些好话，想唤起强盗的同情心。同时，也会不时用眼角瞥一眼强盗，看他的态度是否有了变化。强盗则被行人的话激怒了，开始用凶狠的目光盯住行人，并威胁着行人赶快把钱交出来。行人此时不敢再看强盗一眼，浑身哆嗦着把钱放在地上。这时，行人的心情非常矛盾，是反抗，还是自认倒霉？他的眼睛会不停地眨动，反映他内心的剧烈活动。强盗则以为行人被吓坏了，于是极尽侮辱谩骂之能事，甚至要行人脱下衣服。行人终于忍无可忍，猛然抬头，直视强盗，猛地扑了上去，打掉强盗手中的刀。此时，形势大变了。行人的目光严厉地盯着强盗，而强盗则被突如其来的打击弄糊涂了，看看行人，看看自己，似乎不相信这是真的，等他确信了眼前的这一切时，开始恐惧地望着对方，以便保护自己。

在这一幕中，行人的眼睛行为依次是：偷偷瞥视，这是被动的防卫性行为；不敢看强盗，这是恐惧的回避；到最后严厉地盯住强盗，则是被迫的反击行为。

而强盗则是：先不看行人，表示自信和藐视的派头；再劫住行人，这是攻击性极强的行为；被还击后的惊恐眼神则是心里恐惧和本能防卫的流露。从这里我们不难看出，眼睛的变化是能真实反映人的内心剧变过程的。

眼神的交流有时显得更含蓄也更间接、隐蔽，一个眼神通常能代替千言万语。生活中常会听："你骗我！你看着我的眼睛说话！"这也是常见的电影台词，因为说谎的人通常不敢与人直视或眼神游移不定。一般的交流会有以下几种目光注视：

一是公务注视，一般用于洽谈、磋商等场合，注视的位置在对方的双眼与额头之间的三角区域内。

二是社交注视，一般在社交场合，如舞会、酒会上使用。位置在对方的双眼与嘴唇之间的三角区域内。

三是亲密注视，一般在亲人之间、恋人之间、家庭成员等亲近人员之间使用，注视的位置在对方的双眼和胸部之间。

如果对对方的讲话感兴趣，就要用柔和友善的目光正视对方的眼区，内心充溢着爱慕、友善和敬意。

如果想要中断谈话，可以有意识将目光稍微转向他处。当对方说了幼稚或错误的话显得拘谨害羞时，不要马上转移自己的视线，相反，要继续用柔和理解的目光注视对方，否则，会被别人误解为你在嘲笑他。当双方缄默不语时，不要再看着对方，以免加剧尴尬局面，谈得很投入时，不要东张西望，否则别人认为你已听得厌烦了。

通过"阅读"他人的眼睛，能帮助我们看透对方的真实内心与实际想法，这是交际中不可或缺的能力与技巧。

◆ 穿衣识人

马克·吐温说服装塑造一个人，一个不修边幅的人是没有影响力的人；狄更斯也曾说无论你做什么都要注意你的仪表。

形象的重要性不言而喻，形象的概念与外延很大，不过服饰绝对是当中最重要的构成之一。

艾斯蒂·劳达是世界化妆品王国中的皇后。她拥有几十亿美元的化妆品王国，是世界化妆品领域的主要代表。但劳达出身贫穷，并没有受过多少教育。最初，她以推销叔叔制作的护肤膏起家。为了使自己的产品能够多销售一些，她不得不走街串巷。后来，她决定将产品定位于高档次上。可是，起初她的推销却没有什么效果。后来，她终于忍不住问一个拒绝购买产品的客户："请问，您为什么拒绝购买我的产品呢？是我的推销技巧有什么问题吗？"

那位女士道："不是技巧有问题，推销要什么技巧？如果我觉得你在展示技巧，我就会将你赶出去。是你的形象不好。你根本就是一个低档次的人，让我怎么相信你的产品就是高档次的？"这位女士的话明显带有对艾斯蒂·劳达轻视甚至污辱的成分，但聪明的劳达却兴奋异常，认为自己找到了问题的关键：那就是产品的高档次，首先在于推销人，也就是自己的高档次。她想，换成自己也会是这样，推销人员本身的档次不高，自己也确实会怀疑产品的质量和品位。于是，她决心对自己的形象进行精心改造、包装。她模仿富贵名门和上层妇女，像她们一样穿着打扮，模仿她们的举止。另外，她注意培养自己的自信，让整个人看上去魅力四射。慢慢地，越来越多的人买下了她推销的产品。从此，她一发不可收，直至建立化妆品王国……

和上面的那位女士一样，人们通常爱用眼睛来判断一切。不管你多么反感于"以貌取人"，但这样的事时有发生。

衣服是人类的第二层皮肤，是人类个性的表现。我们与对方谈话，最先看到的就是对方的衣服。这种观点几乎已经被大家所承认。我们平时所看见的多姿多彩、形形色色的服装中包含着丰富的心理内涵和社会意义。

不论现代或古代，人们由于职业不同，服装也随之不同。此外，衣服的颜色和式样，也因为年龄不同有些区别。根据一般人的习惯来说，年轻人都喜欢穿着清爽明快的服饰，上了年纪之后就喜欢色彩比较淡的衣服。

在美国一次形象设计的调查中，76%的人根据外表判断人，60%的人认为外表和服装反映了一个人的社会地位。毫无疑问，服装在视觉上传递出你所属的社会阶层的信息，它也能够帮助人们建立自己的社会地位。在大部分社交场所，你要想使自己看起来就属于这个阶层的人，就必须穿得像这个阶层的人。正因如此，很多豪华高贵的国际品牌的服装，虽然价格高得惊人，却不乏出手不眨眼的消费者。人们把优秀的服装与优质的人、不菲的收入、高贵的社会身份、一定的权威、高雅的文化品位等相关联，穿着出色、昂贵、好质地的服装就意味着事业上有卓越的成就。

第 7 章

人际关系：
用情商拓展人脉

第1节　人际关系决定你的成功指数

◆ 好人缘易产生幸福感

一个人拥有良好的人缘，他会备感幸福。工作得心应手，因为有别人配合，看到的是一张张微笑的脸；生活充满快乐，因为他时常感到满足。

相反，一个人缘不好的人内心会不时涌现孤独、失落感。

刘老板是黄老师多年的邻居，他的公司业务兴旺的时候，他的人缘非常差，因为他太不检点自己的举止了，他的汽车飞驰而过，吓得正在蹒跚而行的老人们躲避不迭，他的仆人遛狼狗的时候，那条高大的狼狗冲着小孩狂吠，吓得小孩哇哇大哭。刘老板哪天高兴了，他家喧闹的音乐彻夜不停，吵得四邻不得安宁。邻居们都巴不得刘老板早点搬走。但是听说他的生意越做越大了。

突然传说刘老板破产了，传言很快被证实了，因为街坊邻居们看到了刘老板走在这条街上的身影。他开始主动和别人打招呼了，但是人们只是冷冷地冲他点点头，刘老板有些失落的样子。

　　有一天黄昏，刘老板遇见了黄老师，他们小时候是同学，但是交情也不太深，两人一路走着，随便聊几句家常，刘老板突然叹了一口气说，最近才发现自己在这条街的人缘很差，黄老师顺口答道："人在落魄时得罪了人，可以在得意的时候弥补；在得意的时候得罪了人，却不能在落魄时候弥补。"

　　刘老板听得入了神，不知在想些什么。

　　刘老板在街上走了一年，他的自信渐渐恢复了，听说他又重整旗鼓了。慢慢地看不见刘老板走路的身影，他又坐上了汽车。但是他的汽车不再开得飞快，他家的狼狗早就送人了，他时常和街坊聊几句天，人们也慢慢地主动和他打招呼了，刘老板的人缘变好了。

　　人缘好了，心情就好，心情一好看什么都顺畅。

　　赵丽是一名普通的出纳，平时看不出是什么原因常会见她微笑，时常挂在嘴上的笑容让她的邻居李唐感到不解。直到一个周末的上午，李唐看到赵丽背着一个偌大的背包准备出门。问赵丽后得知她把一些衣物要送给生活困难的人。那么遥远的路她决定骑车送过去，还买了一点水果顺便捎去。李唐不解地问："让他们自己来不就得了？"赵丽习惯性地笑笑："他们很忙的，周末做点事赚些钱不容易，来取要花费时间。再说，我也没有什么事。孩子们一看见我过去可开心了！"

　　李唐至此开始明白了，真诚帮助他人让她获得了到处受人欢迎的性格，而这一切令赵丽觉得自己特别幸福，因为有人需要她的关爱。

　　1997年1月5日，牛群在中国美术馆举办"牛眼看家"摄影展，由倪萍和赵忠祥主持。倪萍在开场白中，感谢牛群对她的帮助，并由衷地赞扬道："这就是牛群的人品，今天，牛群的摄影展应该说是靠他人格的魅力成功的。他的作品像九月金秋的庄稼，件件饱满充盈。"倪萍讲述了在自己心中埋藏了7年的小事：

　　1990年1月5日，倪萍同牛群主持第一期"综艺大观"。当时，她非常紧张，但牛群笑哈哈地给她鼓劲说："泥巴，你不用紧张。有我在。如果一旦忘词了，你就笑着看我。我就假装我自己忘词了，这样观众就会以为我出错了。"牛群的大仁大义使初上屏幕的倪萍大为感动，她终于顺利闯过了第一关，行云流水般完成了她的主持工作。牛群的话一直铭刻在她心里。

　　在牛群的摄影展上，大庭广众之下，倪萍悠悠地述说发生在牛群身上的一件小事，不仅表达了自己的谢意，而且可以让广大观众了解牛群，使大家更加喜爱这位笑星，并以他的摄影品味他的人品。

助人者人必敬之、助之，良好的人缘让你开展工作时如鱼得水。在遇到挫折时也会得到他人特别贴心的安慰、资助，这不是一个自私的人所能感受到的。

幸福感并不是来自于位高权重，也不会"小人得志"就轻易获得，拥有好人缘，幸福就在你身边。

◆ 人际关系佳者更接近成功

好莱坞有句流行语："成功不在于你会做什么，而在于你认识谁。"这是关于人际关系的作用再形象不过的说法了。

人脉的重要使得我们每个人都认同"多个朋友多条路"这样的说法。成功的必由之路是要经营人心，打理好人际关系。

清代乾隆年间，南昌城有一点心店主李沙庚，以货真价实赢得顾客满门。但其赚钱后便掺杂使假，对顾客也怠慢起来，生意日渐冷落。

一日，书画名家郑板桥来店进餐，李沙庚惊喜万分，恭请题写店名。郑板桥挥毫题定"李沙庚点心心店"六字，墨宝苍劲有力，引来众人观看，但还是无人进餐。原来"心"字少写了一点，李沙庚请求补写一点。

但郑板桥却说："没有错啊，你以前生意兴隆，是因为'心'有了这一点，而今生意清淡，正因为'心'少了这一点。"

李沙庚感悟，才知道经营人心的重要。从此以后，痛改前非，又一次赢得了人心，赢得了市场。

一个人事业上的成功，有人说80%靠人际关系，能否织就一张属于自己的人际关系网，这是情商高低的体现。

从来没有任何一个人的成就，是单打独斗的结果，如果没有背后强大的社会关系资源，个人能力再强也只有"望梦想兴叹"的份儿。

社会关系像煤炭、石油一样，是一种资源，而且是一种不仅可以再生，还可以成几何数量增长的资源。因此，社会关系对于人们来说是不可忽视的巨大财富。香港富豪陈玉书之所以成为"景泰蓝大王"，就在于很注重建立自己良好的关系网，并且凭此网身经百战，每次都能渡过难关。当年他初到香港时，凭自己的顽强奋斗站住了脚，但这与他的宏伟理想还相差甚远，为此他日夜苦思创业大计，不想一天的奇遇却彻底改变了他的命运，使他走上迅速发达之路。

1975年的一天，陈玉书闲来无事，便带儿子去维多利亚公园游玩，碰巧遇到了熟人，经熟人介绍，认识了印尼驻港领事的妻子，更巧的是这位领事妻子与陈家颇有渊源，从此陈玉书便与领事一家结下了良好的关系，建立起了一张最奇妙的关系网。不用说这张网的效力是非常大的，因为它可以帮助陈玉书办别人不能办的事。在当时，得到一张印尼的商务签证很不容易，陈玉书就凭着与领事的关系，为那些办签证的人服务，从中收取服务费。第一次办成功时，陈玉书就得到了5万元的报酬，令他喜出望外。于是他干脆办了一家公司，正式对外营业，做起签证生意来。通过签证生意，他不仅赚到了钱，而且使他得以同各行各业的人打交道，尤其是与其中的不少商人建立起了朋友关系。利用这些朋友关系他又了解了不少商业行情，利用其中的机会进军大陆贸易，开辟了事业的新天地。

陈玉书的经历充分体现了"关系"对人生的巨大推动力。我们知道陈玉书利用与政府官员的关系取得了成功。在这方面，胡雪岩的经历恐怕更富有传奇色彩。

胡雪岩的成功与他巨大的关系网密不可分，其中对他帮助最大的是王有龄。

胡雪岩出身很低贱。经过多年的学习和磨炼，最后才成为浙江一家钱庄的伙计。本来这对于一个贫苦的年轻人，已是很不错的差事了。可是，胡雪岩天性爱结交朋友，他深知人际关系的重要。当然他也因此而丢掉了这份不错的差事——他把收来的钱资助了王有龄。

王有龄祖籍福建，父亲客死杭州，从此家中生活每况愈下。闲着没事，时常用闲逛打发时间。有一次被胡雪岩看见，从此就注意上了他。胡雪岩发现王有龄印堂发亮，方面大耳，生得一副官相，但身上的褂子却打上了补丁。心想，这人到底是什么身份呢？

有一天胡雪岩在路上碰到王有龄，见有机会，便力邀王有龄喝酒。酒过三巡，胡雪岩问道："王兄，我心里有个疙瘩。想请教你，我看你不像个愚庸之人，何以天天无所事事，不去做点事儿？"

王有龄叹息了一声道："什么事儿不要点本钱哪？"

胡雪岩道："一步步来吧，难道你想一口吃个大胖子？再说，不在本钱大小，有你一副好资质就可以了。"

王有龄见有人夸他，说的也是实在话，一来二去，就将自己的难处说了。原来，他父亲在世之时已经给他捐了个"盐运使"，只是父亲死后，家道中落，没有钱去打点上面的关系。所以至今仍然没有补缺。

谁知，上天有眼，胡雪岩这回还真的帮上了他。他将他从别处收来的500两银子，悉数借给了王有龄，叫他赶快北上进京去打点，好补上空缺。王有龄当然是感激不尽，揣了银票立即北上。

这时，太平天国的军队已经打下武昌、九江，直取金陵，王有龄北上，走到山东就碰到了他的故交何桂清。这何桂清之父原是王有龄家仆之子，因王有龄父亲见何桂清人很聪明，就命他与王有龄一起读书，后来两家各奔东西，断了音信，不想那何桂清以文章考取功名，很快就当上了官。在何桂清的帮助下，王有龄很快打通了关节。又恰好赶上何的同门师兄黄宗汉现任浙江巡抚。何桂清立刻修书一封，交与王有龄，叫他去打点黄宗汉，顺顺当当地当上了盐运使。

如前文所述，胡雪岩这番仗义，让他丢掉了在钱庄的差事。

没了职业，胡雪岩的家境日亦艰难，而且还不时地遭人白眼，从不服输的胡雪岩北上京师做了趟生意，谁知，时运不济，也没什么起色，回来后就更加举步维艰了。可以说只差一点就要以讨饭为生了。然而，就在这时，王有龄来到了他的身边。

饮水不忘掘井人。王有龄也算是个有良心的人，回来之后，听说胡雪岩为了他的前途，将钱庄的"伙计"职务都丢了，便觉心有惭愧。然而，当日分手时，胡雪岩并未将住所告知王有龄，王有龄几番重回旧地寻觅胡雪岩，却寻他不着。王有龄终日派人找寻，几经周折，才在杭州城里寻到了胡雪岩。

从此，胡雪岩因为得到王有龄的帮助而把生意做顺做大，并因此而结识了许多清朝官员，这所有的一切都为他的成功铺下了特别重要的一张人脉网。

所以说，情商高的人都知道人际关系对于成功的重要，并会积极寻求一种方法以创造出良好的人际关系。

第2节 营造和谐人际关系的策略

◆ 记住他人的名字

如果至今你还有"名字只是一个符号"的思想,那你或许需要更新一下观念了。只要我们稍微留心一下,便会发现有许多用他人名字命名的事物,从一幢大楼到一条马路;从一个实验室到一个行星,为什么会出现这样的现象呢?

有人说那是为了纪念和向某人感恩,但除此之外恐怕就是名字对于每个人的特殊性和重要性了。

安德鲁·卡内基被称为钢铁大王,但他自己对钢铁的制造懂得很少。他手下有好几百个人,都比他了解钢铁。

但是他知道怎样为人处世,这就是他发大财的原因。他小时候,就表现出组织才华。当他10岁的时候,发现人们把自己的姓名看得很重要。而他利用这项发现,去赢得别人的合作。例如,他孩提时代在苏格兰的时候,有一次抓到一只兔子,那是一只母兔。他很快发现多了一窝小兔子,但没有东西喂它们。可是他有一个很妙的想法。他对附近的孩子们说,如果他们找到足够的苜蓿和蒲公英,喂饱那些兔子,他就以他们的名字来给那些兔子命名。这个方法太灵验了,卡内基一直忘不了。好几年之后,他在商业界利用类似的方法,赚了好几百万元。例如,他希望把钢铁轨道卖给宾夕法尼亚铁路公司,而艾格·汤姆森正担任该公司的董事长。因此,安德鲁·卡内基在匹兹堡建立了一座巨大的钢铁工厂,取名为"艾格·汤姆森钢铁工厂"。当卡内基和乔治·普尔门为卧车生意而互相竞争的时候,这位钢铁大王又想起了那个关于兔子的经验。

卡内基控制的中央交通公司,正在跟普尔门所控制的那家公司争生意。双方都拼命想得到联合太平洋铁路公司的生意,你争我夺,大杀其价,以致毫无利润可言。卡内基和普尔门都到纽约去参加联合太平洋的董事会。有一天晚上,他们在圣尼可斯饭店碰头了,卡内基说:"晚安,普尔门先生,我们岂不是在出自己的洋相吗？"

"你这句话怎么讲？"普尔门问道。

于是卡内基把他心中的话说出来——把他们两家公司合并起来。他把合作而不互相竞争的好处说得天花乱坠。普尔门倾听着，但是他并没有完全接受。最后他问："这个新公司要叫什么呢？"卡内基立即说："普尔门皇宫卧车公司。"

普尔门的眼睛一亮。"到我房间来，"他说，"我们来讨论一番。"这次讨论改写了美国工业史。

安德鲁·卡内基以能够叫出许多员工的名字为傲。他很得意地说，当他亲任主管的时候，他的钢铁厂未曾发生过罢工事件。

一般人对自己的名字比对地球上所有的名字之和还要感兴趣。记住人家的名字，而且很轻易地叫出来，等于给别人一个巧妙而有效的赞美。

每个人都有仅属于自己的名字，很多人终其一生只用一个名字，这是他生存与贡献的全部标志，因而人们对于名字的热衷是很常见的现象。

一名政治家所要学习的第一课是："记住选民的名字就是政治才能。记不住就是心不在焉。"著名的富兰克林·罗斯福总统就是一位如此出色的人。

克莱斯勒汽车公司为罗斯福先生制造了一辆特别的汽车，张伯伦及一位机械师将此车送交至白宫。

"当我到白宫访问的时候"，张伯伦先生回忆道，"总统非常愉快，他呼我的名字，使我感到非常安适，给我留下深刻印象的是，他对我要说明及告诉他的事项真切注意。这辆车设计完美，能完全用手驾驶，罗斯福对围观的那群人说：'我想这辆车非常奇妙，你只要按一下开关，即可开动，你可不费力地驾驶它。我以为这车极好——我不懂它是如何运转的。我真愿意有时间将它拆开，看看它是如何发动的。'"

"当罗斯福的许多朋友及同仁对这辆车表示羡慕时，他当着他们的面说：'张伯伦先生，我真感谢你，感谢你设计这车所费的时间、精力。这是一件杰出的工程！'他赞赏辐射器、特别反光镜、钟、特别照射灯、椅垫的式样、驾驶座位的位置和衣箱内有不同标记的特别衣框。换言之，他注意每件细微的事情，他了解这些有关我的情况是费了许多心思的。他特别注意让这些设备引起罗斯福夫人、劳工部长及他的秘书波金女士注意。他甚至还对老黑人侍者说：'乔治，你特别要好好地照顾这些衣箱。'"

"当驾驶课程完毕之后，总统转向我说：'好了，张伯伦先生，我想我回去工作了。'"

"我带了一位机械师到白宫去，他被介绍给罗斯福。他没有同总统谈话，而罗斯福只听到他的名字一次。他是一个怕羞的人，避在后面。但在离开我们以前，总统找寻这位机械师，与他握手，叫出他的名字，并谢谢他到华盛顿来。他的致谢绝非草率，的确是一种真诚，我能感觉得到。回到纽约数天之后，我接到罗斯福总统亲笔签名的照片，并附有简短的致谢信，再次对我给他的帮忙表示感激。他如何有时间这样做真令我感到奇妙无比！"

富兰克林·罗斯福知道一个最明显、最重要的得到好感的方法，就是记住别人的姓名，使别人觉得重要——但我们有多少人这么做呢？

名字能使人出众，使人独立。我们的要求和我们要传递的信息，都必须从我们的名字这里着手，这就使得名字特别的重要。

1898年的时候，纽约的洛克兰郡发生了一场悲剧。有个小孩已经死了，而在这特别的一天，邻人们正准备去参加葬礼。吉姆·法里走到马房，去拉他的马。地上积着雪，寒风凛冽。那匹马好几天没有运动了，当它被拉到水槽的时候，欢欣鼓舞起来，把两腿踢得高高的，结果吉姆·法里被踢死了。因此这个小小的石点镇，那个星期办了两个葬礼。

吉姆·法里留下了一个寡妇和三个孩子，以及几百块钱的保险金。

他的长子吉姆才只有10岁，为了家中的生活，就去一家砖厂做工，他把沙土倒入模子里，压成砖瓦，再拿到太阳下晒干，吉姆没有机会受更多的教育，可是他有爱尔兰人达观的性格，使人们自然地喜欢他，愿意跟他接近。他后来参政多年后，逐渐养成了一种善于记忆人们名字的特殊才能。

吉姆没有进过中学，可是到46岁时已有4个大学赠予他荣誉学位。他当选为民主党全国委员会主席，担任过美国邮务总长。

有一次，有记者去采访吉姆先生，向他请教成功的秘诀。他简短地告诉记者："苦干！"记者显然对这个回答不满意，就再次请教。吉姆就让记者分析他成功的原因，记者说他知道吉姆能叫出一万个人的名字来。

吉姆对此进行了纠正，他说他大约可以叫出5万个人的名字。

卡耐基先生曾认真地请大家千万不要小瞧了这一点。这项能力，使法里先生帮助富兰克林·罗斯福进入了白宫。

在小吉姆·法里为一家石膏公司到处推销产品的那几年，在他身为石点镇上一名公务员的那几年间，他建立了一套记住别人姓名的方法。

开始的时候，只是一个非常简单的方法。每次他新认识一个人，就问清楚他的全名、他家的人口、他干什么行业，以及他的政治观点。他把这些资料全部记在脑海里，而第二次他又碰到那个人的时候，即使是在一年以后，他还是能够拍拍对方的肩膀，询问他的太太和孩子，以及他家后面的那些向日葵。难怪有一群拥护他的人！在罗斯福竞选总统的活动展开之前的几个月中，吉姆一天要写数百封信，分发给美国西部、西北部各州的熟人、朋友。而后，他乘上火车，在19天的旅途中，走遍美国20个州，经过12000里的行程。他除了坐火车外，还用其他交通工具，像轻便马车、汽车、轮船等。吉姆每到一个城镇，都去找熟人做一次极诚恳的谈话，接着再赶往他下一段的行程。当他回到东部时，立即给在各城镇的朋友每人一封信，请他们把曾经谈过话的客人名单寄来给他。那些不计其数的名单上的人，他们都得到吉姆·法里的信函，那些信都以"亲爱的比尔"或"亲爱的佐"开头，结尾总是签上"吉姆"。

记住他人的名字并不是件困难的事，只要求我们多留点心而已。但是它的效果却是非常显著的。

◆ 维护他人的自尊心

举世闻名的斯坦福大学是全世界莘莘学子的梦想，不过也许许多人并不了解她的诞生居然和一起伤害自尊的事件有关。

在斯坦福大学诞生之前，哈佛的校长为一次伤害他人自尊的事，付出了很大的代价。

一对老夫妇，女的穿着一套褪色的条纹棉布衣服，而她的丈夫则穿着便宜的西装，也没有事先约好，就直接去拜访哈佛的校长。

校长的秘书在片刻间就断定这两个乡下人不可能与哈佛有业务来往。

老先生轻声地说："我们要见校长。"

秘书很礼貌地说："他整天都很忙！"

女士回答说："没关系，我们可以等。"

过了几个钟头，秘书一直不理他们，希望他们知难而退，自己走开。他们却一直等在那里。

秘书终于决定告知校长："也许他们跟您讲几句话就会走开。"

校长不耐烦地同意了。

校长很有尊严而且心不甘情不愿地面对这对夫妇。

女士告诉他："我们有一个儿子曾经在哈佛读过一年书，他很喜欢哈佛，他在哈佛的生活很快乐。但是去年，他出了意外而死亡。我丈夫和我想在校园里为他留一纪念物。"

校长并没有感动，反而觉得很可笑，粗声地说："夫人，我们不能为每一位曾读过哈佛而后死亡的人竖立雕像的。如果我们这样做，我们的校园看起来像墓园一样。"

女士说："不是，我们不是要竖立一座雕像，我们想要捐一栋大楼给哈佛。"

校长仔细地看了一下他们的条纹棉布衣服及粗布便宜西装，然后吐一口气说："你们知不知道建一栋大楼要花多少钱？我们学校的建筑物都超过750万美元。"

这时，女士沉默了。校长很高兴，总算可以把他们打发了。

这位女士转向她丈夫说："只要750万就可以建一座大楼？我们为什么不建一座大学来纪念我们的儿子？"

就这样，斯坦福夫妇离开了哈佛，到了加州，创立了斯坦福大学，以此来纪念他们的儿子。

这就是著名的斯坦福大学的来历。尊严是每个生命个体都必备的价值体现，人是与其他生物不同的高级动物，因而有受人尊重的需要。

著名的"马斯洛需求层次理论"也将尊严列入人的五项基本需求当中。

每一个生活在这个世界上的人都有尊严，这是他们生活下去的精神支柱，即使是乞丐也不例外。

吉姆曾经在流浪汉聚集的地下通道里遇到一个乞丐。那是一个二十来岁的年轻人。他衣衫破旧，抱着一把褪了色的旧吉他，唱着悲伤的歌曲。这样的情景，在这个城市每一天都可以见到。

"可以自食其力的人，却在这里乞求别人的施舍，他们为什么不觉得脸红？"想到这里，吉姆加快了脚步，向前走去。吉姆可不想为这样的人付出什么。忧伤的歌曲依然在吉姆的耳边萦绕，但是吉姆没有心情停住。

"先生，请等一等。"当吉姆走上台阶的时候，一个声音叫住了吉姆，吉姆知道是那个乞讨的人。

"别人不给钱就算了,还要追上来要钱!这样的人我是绝对不会给他钱的。"想到这里吉姆生气地对他说:"对不起,我没有钱给你,我现在很忙,请不要打搅我。"

"您误会了,我想问这是您的东西吗?"当吉姆看到他手里的钱包的时候,这才发现,那正是自己的钱包,里面有整整一万美金,这些钱要是丢了,吉姆的工作就完了。

刹那间,吉姆感到了羞愧,是自己误会了这个乞丐。他并不是向吉姆讨要什么,而是归还吉姆丢失的钱包。

吉姆非常激动地接过了钱包,为了表示谢意,他从钱包里拿了一张10美元的纸币,然后对乞丐说:"为了表示感谢,请接受我的一份心意!"

"先生,我是需要钱,但是我有自己的原则。"那个年轻的乞丐说道,"希望您今天有一个好心情,下次可要注意了。再见,先生。"说完,又回到了原先的地方,继续弹那把旧吉他。

原本觉得并不怎么样的吉他声突然变得如此的人性化,吉姆站在那里,感觉四周静悄悄的,只有悦耳的吉他声在耳边萦绕。

这就是乞丐的尊严。

传奇性的法国飞行员兼作家圣苏荷依写过:"我没有权利去贬抑任何一个人的自尊。伤害人的自尊不啻为一种罪过。"

一位英明的领导者会遵行这个重要的规则。已故的德怀特·摩洛拥有调解激烈争执的非凡能力。他怎么做的呢?很简单,他只是小心翼翼地找出对方正确的地方,并对此加以赞扬,并积极地强调。他有一个很坚定的调解原则,那就是他从不指出任何人做错了事情。

会计师马歇·凯伦杰说:

"辞退别人有时也会烦恼,被人解雇更是令人伤神。我们的业务季节性很强,所以,旺季过后,我们得解雇许多人。我们这一行有句笑话:没有人喜欢挥动大刀。因此,大家都担心避之不及,只希望日子赶快过去就好。例行谈话通常是这样的:'请坐,汤姆先生。旺季已经过去了,我们已经没什么工作可以交给你做了。当然,你也清楚我们……'

"除非不得已,我绝不轻易解雇他人,而且会尽量婉转地告诉他:'汤姆先生,你一直做得很好(假如他真是不错)。上次我们要你去迪瓦克,那工作虽然很麻烦,而你处理得滴水不漏。我们很想告诉你,公司以你为荣,十分信任你,愿意永远支持你,希望你不要忘记这里的一切。'如此,被辞退的人感觉好过多了,至少不觉得被遗弃。他们知道,如果我们有工作的话,一定会继续留住他们的。要是等我们再需要他们的时候,他们也很乐意再投奔我们。"

没有一个人会甘心受到他人的羞辱,即使一个失败者也不愿意。我们没有人有资格去污辱别人的自尊,别人也不会接受,最终受到惩罚的将是羞辱者本人。

1922年,土耳其在经过长期的殖民统治之后,终于决定把希腊人逐出土耳其。

凯墨尔对他的士兵发表了一篇拿破仑式的演说,他说:"你们的目的地是地中海。"于是近代史上最惨烈的一场战争展开了。最后土耳其获胜,而当希腊将领前往凯墨尔总部投降时,几乎所有土耳其人都对他们击败的敌人加以羞辱。

但凯墨尔丝毫没有显出胜利的傲气。"请坐,先生,"他说着并握住他们的手,"你们一定走累了。"然后,在讨论了投降的细节之后,他安慰他们失败的痛苦。他以军人对军人的口气说:"战争这种东西,最好的人有时也会打败仗。"

凯墨尔即使是沉浸在胜利的极度兴奋中,仍能做到照顾手下败将的面子。这是多么可贵的一种行动!

一个让人尊敬的妙招:维护他人的自尊心。

◆ 信守你的诺言

人际交往中最忌讳开"空头支票",一个言而无信的人不会得到人们的信赖。人们一旦对你失去信任感,便不会放心地将重任放在你身上,许多工作的开展也会因此而受阻。

杰弗逊有个好朋友,他们从小时候就认识了,也一直来往密切。他时常为杰弗逊推荐书籍,或者尽力为杰弗逊做事,被呼来唤去的,从无怨言。杰弗逊在他面前很随便,他则说杰弗逊穿成人衣服,却是个小孩。

那一年他搬家了,新年时他邀杰弗逊到他家做客,杰弗逊答应了。但是新年那天轮到杰弗逊在学校值班,上午杰弗逊打电话给他,他知道杰弗逊值班的事后,问杰弗逊还能不能去,杰弗逊回答说下午过去。

下午,一个同事到学校时看见杰弗逊要走,就说:"我们打会儿网球再走吧!"杰弗逊有事,他说只玩一会儿,经不住他说,杰弗逊技痒,就玩了起来。光顾玩把时间忘了。杰弗逊从学校出来时,天快黑了,他只好回家了。

后来，杰弗逊一直想找机会向朋友解释，但是不知怎么搞的，拖了很长时间，时间长了就懒得再提这件事了。觉得反正不是外人，何必计较礼节呢。后来，就慢慢地忘了。

后来，杰弗逊有事求于朋友时再次想起了他，他在电话里对杰弗逊很冷淡，杰弗逊问原因，他说："问你自己吧。"

杰弗逊试着重提新年的事情，他说："像那样轻慢别人的话，你还能有救吗？"他气呼呼地说那天他和妻子推掉了所有的事情，仅仅为了杰弗逊的到来，就从早到晚地竖着耳朵听每一阵上楼的声音，但杰弗逊到底没去，而且之后连一个电话都没打。

他说得杰弗逊脸上不住发热。杰弗逊解释说，他从来没有把他当外人，他以为他们的距离很近，就把这件事很随便地处理了。那个朋友说杰弗逊是一个没有信用的人。为了让杰弗逊知道诺言这个很平常的词，他决定不再理杰弗逊。

因为失去朋友，杰弗逊才知道诺言的重要性。

不要开"空头支票"。"空头支票"不仅仅给他人增添无谓的麻烦，而且损害自己的名誉。华盛顿曾说："一定要信守诺言，不要去做力所不及的事情。"这位先贤告诫他人，因承担一些力所不及的工作或为哗众取宠而轻诺别人，结果却不能如约履行，是很容易失去他人信赖的。

因为当对方没有得到你的承诺时，他不会心存希望，更不会毫无价值地焦急等待，自然也不会有失望的经历。相反，你若承诺，无疑在他心里播种下希望，此时，他可能拒绝外界的其他诱惑，一心指望你的承诺能得以兑现，结果你很可能毁灭他已经制定的美好计划或者使他失去寻求其他外援的时机。

如此一来，别人因你不能信守诺言而不相信你了，也不愿再与你共事，那么，你只能去孤军奋战。有些人在生活或工作上经常不负责，许下各种承诺，而不能兑现承诺，结果给别人留下恶劣印象。如果承诺某种事，就必须办到，如果你办不到，或不愿去办，就不要答应别人。

成功的人会注意承诺这个细节。他不会轻易去承诺某一件事，即使有把握，也不会轻易承诺。

古人说"一诺千金"，做人绝不能因为不信守诺言而失信于人。

早年，尼泊尔的喜马拉雅山南麓很少有外国人涉足。后来，许多日本人到这里观光旅游，据说这是源于一位少年的诚信。

一天，几位日本摄影师请当地一位少年代买啤酒，这位少年为之跑了3个多小时。第二天，那个少年又自告奋勇地再替他们买啤酒。这次摄影师们给了他很多钱，但直到第三天下午那个少年还没回来。于是，摄影师们议论纷纷，都认为那个少年把钱骗走了。

第三天夜里，那个少年却敲开了摄影师的门。原来，他只购得4瓶啤酒，尔后，他又翻了一座山，趟过一条河才购得另外6瓶，返回时摔坏了3瓶。他哭着拿着碎玻璃片，向摄影师交回零钱，在场的人无不动容。

这个故事使许多外国人深受感动。后来，到这儿的游客就越来越多……

诚信是做人的根本原则，也是一个人品行的反映，遵守诺言的人处处受到人们的敬重。我国古代俞伯牙和钟子期被奉为"知己"，关于他们的故事更是信守承诺的典范。

春秋时期，楚国的一个小村庄中的一个樵夫的家里，年轻的钟子期垂危，年迈的父母守着病榻。

"儿再不能对父母尽孝心了。儿死后，只请父母将儿埋在马安山那边的江边。"钟子期握着父亲的手说。

"儿啊，为什么一定是那里，那儿离家有20多里呀！"母亲流着泪问。

"为了守信、守约。"钟子期微弱的声音说，"父母知道，去年中秋，儿在那里遇到伯牙兄，临别时约定，今年中秋，伯牙兄要来我家，我说，到时候我去江边接他……不能活着去接，死了也要到江边，要信守诺言……"

"我儿，伯牙乃是晋国士大夫，去年是公事路过，今年怕是不能前来了。晋阳城到这里是几千里呀……"父亲说着抚摸儿子的手。

钟子期说的是去年中秋的事。晋国士大夫俞伯牙奉晋主之命外出办事。回晋时走水路，八月十五之夜船行到汉阳江口，就停泊在岸边。

俞伯牙在船上弹琴时发现有人偷偷欣赏，就把这人请到船上。这人就是青年樵夫钟子期。交谈中，俞伯牙发现钟子期对他珍贵的古瑶琴的来历十分了解，且对琴理十分精通，欣赏弹奏也十分内行。俞伯牙想着高山弹奏，钟子期就听出"巍巍乎志在高山"；想着江河弹奏，他就感叹"汤汤乎志在流水"。在这里遇到知音，俞伯牙激动异常，当时就同钟子期结为兄弟。两人谈心直到天亮，都觉得意犹未尽。

俞伯牙邀钟子期过些天到晋阳去，钟子期说："如果答应了贤兄，我就必须履行诺言。万一父母不允许我去，我岂不成了言而无信？我不敢随随便便答应了后来再失信……"

俞伯牙感叹后，决定明年来看望钟子期。

"仁兄明年什么时候来到？"钟子期问。"昨夜是十五，现在天亮了是十六。来年，我就是八月十五或十六来到，最晚不超过八月二十。爽约失信，我就不是君子。"俞伯牙说。

钟子期说："既然如此，来年的八月十五、十六，我就将在这里江边接你！"

一转眼，到了次年。俞伯牙算计了日子，向晋主告假。

晋主怀疑俞伯牙要另投别国，就迟迟没有答应。

俞伯牙想着上年的约定。再算算日子，心想，宁可丢官，绝不能爽约失信，于是，收拾好行装就启程了。

一路行来，陆路转水路，正好在八月十五日夜里，水手报告离马安山不远。俞伯牙依稀认得这就是去年停船遇见钟子期的地方。

俞伯牙心情激动地站立船头四处张望。可是，没有望见钟子期的身影。"去年是弹琴相遇，大约子期贤弟是在等我的琴声吧？"俞伯牙这样想着，就坐在船头弹奏起来。可是，从月在中天直弹到东方露红，并没有钟子期来迎接。

跟从的人有的知道俞伯牙到这里的目的，就说："大人，一年前的约会，谁还能记得？只有大人能不远数千里赶来，还一天都不晚。"

"我了解他。定是家中有不能脱身之事，我们去他家。"俞伯牙说着就起身。

走出十余里，俞伯牙迎面遇到一龙钟老者，在问路的交谈中知道他就是钟子期的父亲。俞伯牙向老人说明了来意。

老人流着眼泪向俞伯牙叙说了钟子期临终时的请求，最后说："你来的路上，离江边不远的新坟，那……那就是他……他在那里接你啊！"

俞伯牙闻言，大叫一声昏倒在地。

俞伯牙醒过来后，跟着钟父来到新坟之前，不禁放声痛哭。他将瑶琴取出，盘膝坐在坟前挥泪弹琴，泪水随着琴声就像泉涌一样。一曲弹完，俞伯牙双手举琴往坟前的祭台用力摔去，珍贵的瑶琴被摔得粉碎。

俞伯牙向坟墓喊道：

"贤弟啊，你接我，我来了。我来了！我来了……"

像钟子期这样临终不忘自己的许诺，死后还要"守约"，确实难能；像俞伯牙这样宁可丢官也要履行与朋友的约言，也确实难能可贵。后世传说他们可贵的故事，这也是一个原因吧。

遵守承诺为君子，诚信待人显人品。一个信守承诺的人，才是一个有人格魅力的人；而一个视承诺为儿戏的人，自然不会得到别人的信赖。孔子说："言而无信，不知其可也。"言而有信，是做人最基本的道德要求。向别人许下了诺言，就必须用行动去履行，因为诺言是一种不变的誓言，值得我们用一切去捍卫。我国流传千古的"高山流水"的故事，就是遵守承诺的典范！

◆ 亲和力是种难得的魅力

一个浑身上下透出亲和力的人，与一个整天板着脸的严肃之人相比，相信绝大多数人都会希望自己的交往对象是前者。

亲和力是一种难得的个人魅力，它能唤起人们的爱心，并使人愿意与之交往。

林肯，这位美国历史上最伟大的总统之一，他的品行已成为后世的楷模，他是一位以亲切、宽容、悲天悯人著称的杰出领袖。

在林肯的故居里，挂着他的两张画像，一张有胡子，一张没有胡子。在画像旁边的墙上贴着一张纸，上面歪歪扭扭地写着：

亲爱的先生：

我是一个11岁的小女孩，非常希望您能当选美国总统，因此请您不要见怪我给您这样一位伟人写这封信。

如果您有一个和我一样的女儿，就请您代我向她问好。要是您不能给我回信，就请她给我写吧。我有四个哥哥，他们中有两人已决定投您的票。如果您能把胡子留起来，我就能让另外两个哥哥也选您。您的脸太瘦了，如果留起胡子就会更好看。所有女人都喜欢胡子，那时她们也会让她们的丈夫投您的票。这样，您一定会当选总统。

格雷西
1860年10月15日

在收到小格雷西的信后，林肯立即回了一封信。

我亲爱的小妹妹：

收到你15日前的来信，非常高兴。我很难过，因为我没有女儿。我有三个儿子，一个17岁，一个9岁，一个7岁。我的家庭就是由他们和他们的妈妈组成的。关于胡子，我从来没有留过，如果我从现在起留胡子，你认为人们会不会觉得有点可笑？

忠实地祝愿你的
亚·林肯

次年2月，当选的林肯在前往白宫就职途中，特地在小女孩的小城韦斯特菲尔德车站停了下来。他对欢迎的人群说，"这里有我的一个小朋友，我的胡子就是为她留的。如果她在这儿，我要和她谈谈。她叫格雷西。"这时，小格雷西跑到林肯面前，林肯把她抱了起来，亲吻她的面颊。小格雷西高兴地抚摸他又浓又密的胡子。林肯对她笑着说："你看，我让它为你长出来了。"

亲和力让人萌发亲近的愿望，亲和力使得即使是陌生人也会"一见如故"。人们总是喜爱与谦和、温良的人交往，而不会心甘情愿地将自己置于一个威严与喜爱卖弄"权威"的人之下。

欧阳修是我国历史上著名的"唐宋八大家"之一，《醉翁亭记》是他作品中最为出色的文章之一。

欧阳修在滁州当太守时，经常去琅琊山游玩，与琅琊寺的住持和尚智仙谈诗论文，成了至交。智仙在山道旁盖了一座亭子，请欧阳修前去参加落成典礼，欧阳修将该亭命名为"醉翁亭"，并在亭子里写了一篇《醉翁亭记》。

晚上欧阳修回到府衙后，亲自将写好的文章抄写了六份，招呼两个衙役说："把我这篇文章分别贴到各个城门口去，一个城门贴一份。"

两个衙役接过文章一看，总共是六份，便问道："滁州只有四个城门，还剩两份贴到哪里去？""不是还有小东门和小西门吗？"欧阳修笑着说。"小城门平时是不开的。"衙役说。"那今天就把它们打开好了，让更多的人看到它。"

两个衙役似乎没有领会太守的意思，又问道："大人写的文章，为什么要贴到城门口去？"

"让过路人帮我改文章呀！"欧阳修整整衣冠，用手拍着两个衙役的肩膀说："人常说，一人才学浅，众人见识高。大家一定会把我的文章改得更好的，你们快快去贴吧！"

随后，欧阳修又派出六班锣鼓手，分别到各城门口，一并高喊："滁州太守欧阳修昨日写了篇《醉翁亭记》，现张贴在此，敬请黎民百姓、过往商贾、文武官吏都来修改……"

这样，整个滁州城一下子热闹起来，城里城外的人们都分别赶往六处城门去看太守的文章。边看边议论，有的说："这篇文章写得真好，文辞优美，意境又好，真是篇不可多得的文章啊！"有人说："太守写的文章，还要让老百姓帮他修改，真是古今少有的新鲜事！"欧阳修的谦虚和亲和让滁州的百姓很敬重他。

欧阳修坐在府衙内也特别兴奋，不停地派人去看有没有人出面修改文章，一直等到傍晚时分，才有一个打锣的公差领来一位五十开外的老人走进府衙。公差高声禀道："太守大人，琅琊山李氏老人前来帮您修改文章。"

欧阳修赶紧迎了出去，只见那老人头扎粗纱黄巾，脚穿布袜草鞋，肩上扛了一根挂着绳子的扁担，右手拿着一把斧子，看他那身装束，就知道是个砍柴的樵夫。欧阳修过去拉着老樵夫的手问道："请问老人家，您今年多大岁数了？"

"不敢，不敢，小的今年59了。"老人忙不迭地说。

"这么说来，您是兄长了。请上坐！"欧阳修边说边让老人坐在太师椅上，然后毕恭毕敬地说："烦请兄长指教，下官的那篇文章何处需要修改？"

那老人见欧阳修如此没有官架子，而是真诚询问，于是放下手中的扁担、斧子，诚恳地说："大人，不瞒您说，您的文章我听人读了，句句讲的是实情，就是开头太啰嗦了！"

欧阳修听罢，便从头背诵起自己的文章来："滁州四面皆山也，东有乌龙山，西有大丰山，南有花山，北有白米山，其西南诸峰，林壑尤美……"

刚背到这里，老人挥手打断了他说："停，大人，毛病就在这里。"

欧阳修顿然醒悟，赶忙说："您的意思，是不必点出这些山的名字？"

老人笑了笑说："正是，大人。不知太守上过琅琊山的南天门没有？站在南天门上，什么乌龙山、大丰山、花山、白米山，一转身子就全都看到了，四周都是山！"

欧阳修听了，连声说道："言之有理！言之有理！滁州四面皆山。"

欧阳修沉思片刻，拿出文稿，把开头改成"环滁皆山也，其西南诸峰……"然后一句句地读给老人听。

老人满意地点点头说："改得好！改得妙！这回一点也不啰嗦了"

伟人尚且如此，我们何苦总是一副严肃得让人不敢冒犯的样子呢？多一点亲和力，多一份迷人的个性，也就增一点与人交往成功的可能。

◆ 冷漠是人际交往的天敌

有人说人与人之间本来没有那么多的仇恨和误解，其中一大部分是由冷漠造成。没有一个人喜欢与无情冷漠的人交往，因为我们从他们那里既得不到快乐与安慰，也没有获得什么有利的建议。冷漠的人对别人不信任，总是爱怀疑他人。

一位建筑设计大师杰作无数，阅历丰富，但最大的遗憾就是正如人们批评的那样，把城市空间分割得支离破碎，楼房之间的绝对独立加速了都市人情的冷漠。过完70岁寿辰，大师意欲封笔，而在封笔之作中，他想打破传统的楼房设计形式，力求在住户之间开辟一条交流和交往的通道，使人们相互之间不再隔离而充满大家庭般的欢乐与温馨。

一位颇具胆识和超前意识的房地产商很赞同他的观点和理念，出巨资请他设计。果然不同凡响。

然而，大师的全新设计叫好不叫座。社会上炒得火热，市场反应却非常冷漠，乃至创出了楼市新低。

房地产商急了，急命市场调研。调研结果出来，让人非常吃惊：人们不肯掏钱买房的原因，是嫌这样的设计虽然令人耳目一新，但邻里之间交往多了，不利于处理相互间的关系；在这样的环境里活动空间大了，孩子们却不好看管；还有，空间一大，人员复杂，对防盗之类人人都担心的事十分不利……

大师听到反馈，心中痛惜不已：我只识图纸不识人，这是我一生中最大的败笔。

我们可以拆除隔断空间的砖墙，而谁又能拆除人与人之间坚厚的心墙呢？每个人在抱怨城市生活压力大的同时，又有谁想过自己也有责任？

如今在都市中，同一个小区的人可以见面不打招呼，有的是楼上楼下多年的邻居还未曾认识。也曾有报道，某个不幸的人死在家中，没有任何人知晓，直到尸体发出腐烂的臭味，才有人报警。

如今，我们在畅谈尊重隐私的时候，是不是也因此而丧失了原始的一份热心——许多人认为不打招呼是不想让邻里知晓太多的私事。

因冷漠而备感人际疏离的人越来越多，这不仅是人际交往的天敌，更是现代人孤独感、压抑感的来源之一。

在当今社会里，人们之间的交流越来越多地限于电话、电子邮件，而少了一份面对面的交流与沟通，于是一堵无形的心墙拉开了人与人之间的距离。

心墙不除，人心会因为缺少沟通而枯萎，人会变得忧郁、孤寂。爱是医治心灵创伤的灵药，爱是心灵得以健康生长的沃土。爱，以和谐为轴心，照射出温馨、甜美和幸福。爱把宽容、温暖和幸福带给了亲人、朋友、家庭、社会。无爱的社会太冰冷，无爱的荒原太寂寞。爱打破冷漠，让尘封已久的心重新温暖起来。

在与人交往时，将你的心窗打开，不要吝啬心中的爱，因为只有爱人者才会被人爱。当你陷入困境时，你才会得到爱心的关怀和帮助。

有两个重病患者同住在一间病房里。房子很小，只有一扇窗子可以看见外面的世界。其中一个病人的床靠着窗，他每天下午可以在床上坐一个小时。另外一个人则终日都得躺在床上。

靠窗的病人每次坐起来的时候，都会描绘窗外的景致给另一个人听。从窗口可以看到公园的湖，湖内有鸭子和天鹅，孩子们在那儿撒面包片，放模型船，年轻的恋人在树下携手散步，人们在绿草如茵的地方玩球嬉戏，顶上则是美丽的天空。

另一个人倾听着，享受着每一分钟。一个孩子差点跌到湖里，一个美丽的女孩穿着漂亮的夏装……朋友的诉说几乎使他感觉到自己亲眼看见了外面发生的一切。

在一个晴朗的午后，他心想：为什么睡在窗边的人可以独享外面的风景呢？为什么我没有这样的机会？觉得很不是滋味。他越是这么想，就越想换床位。这天夜里，他盯着天花板想着自己的心事，另一个人忽然惊醒了，拼命地咳嗽，一直想用手按铃叫护士进来。但这个人只是旁观而没有帮忙——他感到同伴的呼吸渐渐停止了。第二天早上，护士来时那人已经死去，他的尸体被静静地抬走了。

过了一段时间，这人开口问，他是否能换到靠窗户的那张床上。他们搬动他，将他换到了那张床上，他感到很满意。人们走后，他用肘撑起自己，吃力地往窗外望……

窗外只有一堵空白的墙。

如果这个人不起恶念，在晚上按铃帮助另一个人，他还可以听到美妙的窗外故事。可是现在一切都晚了，他看到的是什么呢？不仅是自己心灵的丑恶，还有窗外的白墙——一堵心灵的冷漠之墙。几天之后，他在自责和忧郁中死去。一个人只有心存美的意象，才能看到窗外的美景。

是这道冷漠的心墙让他显得渺小，透露出人性的卑劣。但冷漠并没有让他得到什么，除了内心的愧疚与无尽的悔恨，还有什么呢？

◆ 谦虚赢得尊重

中国一句古老的话叫作"谦受益，满招损"，也有谦虚使人进步，骄傲使人落后的话，说的都是同样的道理。

谦虚是人际交往中一项重要的原则，也是一种高尚的品德，但总有一些恃才傲物的人，吃尽苦头才会了解自己是多么无知。大文豪苏东坡就曾是这样的人。

苏东坡在湖州做了三年官，任满回京。想当年，因得罪王安石，落得被贬的结局，这次回来应投门拜见才是。于是，便前往宰相府去。

此时，王安石正在午睡，书童便将苏轼迎入东书房等候。

苏东坡闲坐无事，见砚下有一方素笺，原来是王安石两句未完诗稿，题是咏菊。苏东坡不由笑道：

"想当年我在京为官时，下笔数千言，不假思索。三年后，正是江郎才尽，起了两句头便续不下去了。"

他把这两句念了一遍，不由叫道：

"呀，原来连这两句诗都是不通的。"

诗是这样写的：

"西风昨夜过园林，吹落黄花满地金。"

在苏东坡看来，西风盛行于秋，而菊花在深秋盛开，最能耐久，随你焦干枯烂，却不会落瓣。一念及此？苏东坡按捺不住，依韵添了两句：

"秋花不比春花落，说与诗人仔细吟。"

待写下后，又想如此抢白宰相，只怕又会惹来麻烦，若把诗稿撕了，不成体统，左思右想，都觉不妥，便将诗稿放回原处，告辞回去了。

第二天，皇上降诏，贬苏东坡为黄州团练副使。

苏东坡在黄州任职将近一年，转眼便已深秋，这几日忽然起了大风。风息之后，后园菊花棚下，满地铺金，枝上全无一朵。苏东坡一时目瞪口呆，半晌无语。此时方知黄州菊花果然落瓣！不由对友人道：

"小弟被贬，只以为宰相是公报私仇。谁知是我错了。切记啊，不可轻易讥笑人，正所谓经一失，长一智呀。"

苏东坡心中含愧，便想找个机会向王安石赔罪。想起临出京时，王安石曾托自己取三峡中峡之水用来冲阳羡茶，由于心中一直不服气，早把取水一事抛在脑后。现在便想趁冬至节送贺表到京的机会，带着中峡水给宰相赔罪。

此时已近冬至，苏东坡告了假，带着因病返乡的夫人经四川进发了。在夔州与夫人分手后，苏东坡独自顺江而下，不想因连日鞍马劳顿，竟睡着了，及至醒来，已是下峡，再回程取中峡水又怕误了上京时辰，听当地老人道："三峡相连，并无阻隔。一般样水，难分好歹。"便装了一瓷坛下峡水，带着上京去了。

上京来，先到宰相府拜见宰相。

王安石命门官带苏东坡到东书房。苏东坡想到去年在此改诗，心下愧然。又见柱上所贴诗稿，更是羞惭，倒头便跪下谢罪。

王安石原谅苏东坡以前没见过菊花落瓣。待苏东坡献上瓷坛，书童取水煮了阳羡茶。

王安石问水从何来，苏东坡道：

"中峡。"

王安石笑道：

"又来欺瞒我了，此明明是下峡之水，怎么冒充中峡？"

苏东坡大惊，急忙辩解道："误听当地人言，三峡相连，一般江水，但不知宰相何以能辨别。"

王安石语重心长地说道：

"读书人不可轻举妄动，定要细心察理，我若不是到过黄州，亲见菊花落瓣，怎敢在诗中乱道？三峡水性之说，出于《水经补注》，上峡水太急，下峡水太缓，唯中峡缓急相伴，如果用来冲阳羡茶，则上峡味浓，下峡味淡，中峡浓淡之间，今见茶色半晌方现，故知是下峡。"

苏东坡敬服。

王安石又把书橱尽数打开，对苏东坡言道：

"你只管从这二十四橱中取书一册，念上文一句，我若答不上下句，就算我是无学之辈。"

苏东坡专拣那些积灰较多，显然久不观看的书来考王安石，谁知王安石竟对答如流。

苏东坡不禁折服：

"老太师学问渊深，非我晚辈浅学可及！"

苏东坡乃一代文豪，诗词歌赋都有佳作传世，只因恃才傲物，口出妄言，竟三次被王安石所屈，从此再也不敢轻易讥笑他人了。

富兰克林也曾和苏东坡一样，由于自己的才华出众，常常看不起身边的其他少年。后来，他去拜访一位品行良好的老人时，由于高昂的头撞在了门框上，随之恍然大悟——做人应该谦虚才对。

柳公权，中国唐代著名的书法家，"柳体"的创立者。他创立的柳体和临写的《玄秘塔》直至今天仍然是人们学习、临摹的权威性字帖。

柳公权自幼聪明好学，特别喜欢写字，到了十四五岁便能写出一手好字，经常受到老师的表扬。日子久了，他心里美滋滋的，不知不觉就骄傲起来，以为天下"唯我独尊"了。

有一天他和几个伙伴们玩耍，玩什么好呢？这个说捉迷藏，那个说摔跤，柳公权说：

"不行，不行，咱们还是比比谁的字写得好吧！"

于是大家只好同意，便在大树下摆了一张方桌，比了起来。

柳公权很快写了一篇，心想：我肯定是第一了，谁能比得过？心里这样想着，脸上也显露出洋洋得意的神情，这时，从东面走过来一位卖豆腐的老汉，这老汉早看出了柳公权的傲气，决定给他泼点儿冷水。他说：

"让我看看。"

他挨着个看了一遍说：

"你们的字都不怎么样。"

这对柳公权来说，真如晴天打了个响雷，他长这么大还从未有人说过他的字不好呢，他便追问：

"我的字到底怎么样？"

"也不好。你的字就像我担子里的豆腐，软绵绵的，没筋没骨的。"老汉说。

柳公权一听老汉的评价，马上不服气地说：

"我的字不好，那么请你写几个让我瞧瞧！"

老汉笑道：

"我一个卖豆腐的，你跟我比有什么出息。城里有一个用脚写字的人，比你用手写的强几倍呢，如果不服气，你去瞧瞧吧。"

第二天，柳公权带着满肚委屈和狐疑进城了。到了城里一打听就找到了。就在前面不远的一棵大树上，挂着一块白布，上面有三个大字：字画铺。树底下，许多人正围在一起低头瞧着地下。柳公权急忙跑过去一看：确是一位老人已失去双臂，正坐在地上用脚写字呢，只见地上铺着纸，他用左脚压着一边，用右脚的大拇指和二指夹住毛笔，运转脚腕，一排遒劲的大字便出现在人们的眼前。众人一阵喝彩："好，好！"

柳公权都看呆了，真是不看不知道，山外有山，天外有天啊！自己有完整的手臂，还赶不上人家用脚写的，更有甚者，还骄傲自满，自以为天下第一了，惭愧，惭愧。

想到这里，柳公权来到无臂老人面前，双膝跪地，说道：

"先生，请受徒儿一拜，请您教我写字吧。"

无臂老人推辞道：

"我一个残疾人，能教你什么，只是混口饭吃罢了。"

柳公权说：

"请您不要推辞了，您不收下我，我就不起来！"

这老者见他情辞恳切，心里一动，说道：

"你要实在想学，那么你就照着这首诗练下去吧。"

说罢，老人又用脚铺开一张纸，挥毫写下一首诗：

写尽八缸水，墨染涝池黑。
博取众家长，始得龙凤飞。

这首诗，是无臂老人一生练字的真实写照。那意思是说练字的辛苦，练字的工夫，用尽了八缸水，染黑了涝池水，博取众家之长，虚心学习，才有今天这苍劲有力的龙飞凤舞。

柳公权是个聪明人，早已领略了这诗中的寓意，他不但懂得了写字必须勤写勤练，虚心学习，更懂得了做人不能恃才傲物，否则将一事无成。

他怀着不可名状的感激之情，接过了老人的诗，急切又羞愧地回到了家。打这以后，他从不在人前炫耀自己，每日里挥毫泼墨，练笔不止，悉心研究揣摩名人字帖，最后终于练成流传千古的"柳体"。

为人处世切记不能目空一切，目中无人的人本来大多都是才华横溢的，否则他也没有"骄傲"的资本了，但每个人都有各自的优点、长处。一切正如韩愈的《师说》中所言："闻道有先后，术业有专攻，如是而已。"因此，在与人交往的时候任何人都不应该骄傲自大，而应用一颗谦虚的心向他人学习，只有这样才会赢得他人的敬重。

◆ 把微笑传递给每个人

安东尼有一段不寻常的经历。他是优秀的飞行员，曾参加西班牙内战打击法西斯，不幸被俘虏入狱。在狱中，安东尼翻遍口袋找出一根香烟，但是没有火柴。看守看起来像个凶神恶煞。安东尼鼓足勇气向他借火。看守打量他一眼，冷漠地把火柴递给他。

"当他帮我点火时，眼光无意中与我的眼睛接触了，这时我下意识地冲着他微笑。我不知道自己为何有这般反应，在这一刹那，这抹微笑如鲜花般打破了我们心灵之间的隔阂。受到了我的感染，他的嘴角也不自觉地出现了笑容，我知道他原无此意。他点完火后并没有立刻离开，两眼盯着我瞧，脸上仍然带着微笑。我也以微笑回应，仿佛他是个朋友。他看我的眼神也少了当初的凶气。'你有小孩吗？'他开口问道。'有，你看。'我拿出皮夹，手忙脚乱地翻出了全家福照片。他也掏出照片，并且开始讲述他对家人的期望与计划。此时我的眼中充满泪水，我说我害怕再也见不到家人，我怕没有机会看到孩子长大……他听了以后流下了两行眼泪。突然，他打开牢门，悄悄带我从后面的小路逃离监狱。他示意我尽快离去，之后便转身走了，不曾留下一句话。"

可见，在恰当的时候，恰当的场合，一个简单的微笑可以创造奇迹，一个简单的微笑可以使陷入僵局的事情豁然开朗。

现实的工作、生活中，一个人对你满面冰霜、横眉冷对；另一个人对你面带笑容、温暖如春，他们同时向你请教一个工作上的问题，你更欢迎哪一个？显然是后者，你会毫不犹豫地对他知无不言，言无不尽；而对前者，恐怕就恰恰相反了。

一个人亲切、温和、洋溢着笑意，远比他穿着一套高档、华丽的衣服更引人注意，也更容易受人欢迎。因为微笑是一种宽容、一种接纳，它缩短了彼此的距离，使人与人之间心心相通。喜欢微笑着面对他人的人，往往更容易走入对方的天地。难怪学者们强调："微笑是成功者的先锋。"

的确，如果说行动比语言更具有力量，那么微笑就是无声的行动，它所表示的是："我很满意你，你使我快乐，我很高兴见到你。"笑容是结束说话的最佳"句号"，这话真是不假。

有微笑面孔的人，就会有希望。因为一个人的笑容就是他传递好意的信使，他的笑容可以照亮所有看到它的人。没有人喜欢帮助那些整天皱着眉头、愁容满面的人，更不会信任他们。很多人在社会上站住脚就是从微笑开始的，还有很多人在社会上获得了极好的人缘也是从微笑开始的，很多人在事业上畅行无阻也是通过微笑获得的。微笑是十分奇妙的，它能在生活中荡开一层层水圈，把生活的湖泊变成一种源自于生命深处的美感。

任何一个人都希望自己能给别人留下好感，这种好感可以创造出一种奇妙和谐的人际关系。

美国的联合航空公司有一个世界纪录，那就是在1977年载运了数量最多的旅客，总人数是5566782。

联合航空公司宣称，他们的天空是一个友善的天空、微笑的天空。的确如此，他们的微笑不仅仅在天上，而且从地面便已开始了。

有一位叫珍妮的小姐去参加联合航空公司招聘，当然她没有关系，也没有先去打点，完全是凭着自己的本领去争取。最后她被聘取了，你知道原因是什么吗？那就是因为珍妮小姐脸上总带着微笑。

令珍妮惊讶的是，面试的时候，主试者在讲话时总是故意把身体转过去背着她，你不要误认为这位主试者不懂礼貌，而是他在体会珍妮的微笑，因为珍妮应聘的职位是通过电话工作的，是有关预约、取消、更换或确定飞机航行班次的事情。

那位主试者笑着对珍妮说："小姐，你被录取了，你最大的资本是你脸上的微笑，你要在将来的工作中充分运用它，让每一位顾客都能从电话中体会出你的微笑。"

虽然可能没有太多的人会看见她的微笑，但他们通过电话可以知道珍妮的微笑一直伴随着他们。

所有的人都希望别人用微笑去迎接他，而不是横眉竖眼，否则会阻碍心灵的沟通和思想的交流。

钢铁大王安德鲁·卡内基的高级助理查尔期·史考伯说过，他的微笑价值100万美金。虽然这是史考伯先生的一个玩笑，但他那时刻挂在脸上的微笑无疑是他成功的一个重要原因。

某次，底特律的哥堡大厅举行了一次巨大的汽艇展览会，人们蜂拥而至，在展览会上人们可以选购各种船只，从小帆船到豪华的游艇都可以买到。

在汽艇展览会期间，一家汽艇厂有一宗巨大的生意跑掉了，而第二家汽艇厂却用微笑把顾客挽留了下来。

事情是这样的：一位来自中东某一产油国的富翁，他站在一艘展览的大船旁对站在他面前的推销员说："我想买艘汽船。"这对推销员来说，是求之不得的好事。那位推销员很周到地接待了富翁，只是他脸上冷冰冰的，没有笑容。

这位富翁看着这位推销员那没有笑容的脸，然后走开了。

他继续参观，到了下一艘陈列的船前，这次他受到了一个年轻推销员的热情招待。这位推销员脸上挂满了欢迎的笑容，那微笑像太阳一样灿烂，使这位富翁有宾至如归的感觉，所以，他又一次说："我想买艘汽船。"

"没问题！"这位推销员脸上带着微笑说，"我会为你介绍我们的产品。"他只这样简单地附和说。

这位富翁果然交了定金，并且对这位推销员说："我喜欢人们表现出一种他们非常喜欢我的样子，现在你已经用微笑向我们表现出来了。这次展览会上，你是唯一让我感到我是受欢迎的人。"

第二天这位富翁带着一张保付支票回来，购下了一艘价值 2000 万美元的汽船。

微笑的确是可以带来财富的，我们都有这样的体验：去一家商店购物时，同样的产品我们都会选择面带笑容的店主。

微笑甚至是可以传递的，难道你忘了早晨向你道早安的小区保安？他真诚的笑容感染了你，你开心地又用同样温暖的笑容回馈给他，有时还会带给你的同事或家人。

真诚的微笑如春风化雨，润人心扉。微笑的人给人的印象是热情、富于同情心和善解人意。

如果你在出门前对着镜子笑一下，就会获得好心情和动力。对于微笑的理解是：没有人富，富到对它不需要；没有人穷，穷到给不出一个微笑。

对同事的笑是喜悦。

对父母的笑是孝顺。

对子女的笑是包容。

对朋友的笑是回报。

对客户的笑是尊重。

避免以下类型的职业的笑：

居高临下的笑。

目不视人的笑。

徒有其表的笑。

不合时宜的笑。

于事无补的笑。

虚伪欺骗的笑。

◆ 宽容是最大的美德

金大中经过漫长岁月的奋斗和努力，终于当上了韩国总统。在正式就职之后，他做了一件令世人敬佩的举动，就是公开在青瓦台总统府，招待了曾经迫害过他的四位前任韩国总统，包括全斗焕、卢泰愚、金泳三和崔圭夏。

在那场晚宴中，金泳三一直板着脸，沉默不语，而全斗焕和卢泰愚对金泳三则恨之入骨，根本不愿和他坐在一起，所以只好由国务总理坐在中间。而这位国务总理不是别人，就是当年的中央情报局局长，也是下令要暗杀金大中的人。当时若不是美国适时阻挡，金大中可能早就被装入麻袋，丢入海中淹死。

他以具体行动化解了政治仇恨，也展现了伟大的恕人之道。

在轰动一时的光州大审中，他曾被政府判处死刑。当时他曾立下遗书，要求他的家人和同志不要报仇，让政治迫害就到此为止。

他的宽广心胸和宏伟的情操，赢得无数世人的尊敬。

宽容是一种美德。能够宽容别人的人，可以和各种人相处，也反映出自身的人格修养和广阔胸襟。尤其是生活在这样一个复杂的社会中，我们更需要宽容，因为只有宽容才会发现别人的长处，才能够更好地与人合作。

楚庄王当年曾因为"不责小人过"而赢得猛将唐狡的舍命相报。楚庄王平定了叛乱之后，有一天召集臣下一起饮酒，直到日落西山，意犹未尽。庄王又命掌灯继续饮酒，并命爱妾许姬为大家敬酒。突然，堂上的灯火被风吹灭了。这时席上一人趁黑暗之机抚摸了许姬。许姬反抗并且摘下了那人的帽缨，然后又向庄王禀告，要求赶快点灯查明此人。没想到庄王命令掌灯："切莫点烛！寡人今日要与诸卿开怀畅饮，大家都绝缨摘帽，喝个痛快！"当文武百官莫名其妙地摘帽绝缨后，庄王才命点烛掌灯，就这样，那个调戏许姬的人被遮掩过去了。

在这件事情中，调戏君王的爱妾无疑是对君王的侮辱，但楚庄王移情换位考虑是酒后失德，并没有生气，反而以宽容忍让的精神掩护了此人。后来，他举兵攻打晋国，在交战中有一位将军勇猛无比，屡立奇功，使楚军顺利取得胜利。战斗结束之后，庄王召见那位将军，对他说："像你这么勇猛，寡人竟然没能及时发现，实在是不应该。但是你却一点也不介意，还为楚国立下无数的功劳，这是为什么呢？"那位将军恭敬地回答："臣实在是罪该万死。当年在大王的筵席中，曾因喝醉酒而有无礼之举，幸亏陛下饶了臣一命，从那时起就等待时机为大王效命，以报不杀之恩。"原来此人叫唐狡，正因为有感于楚庄王的宽容和忍让而舍命相报。

宽容不但是做人的美德，也是一种明智的处世原则，是人与人交往的"润滑剂"。常有一些所谓厄运，只是因为对他人一时的狭隘和刻薄，而在自己的前进路上自设的一块绊脚石罢了；而一些所谓的幸运，也是因为无意中对他人一时的恩惠和帮助，而拓宽了自己的道路。

石油大王洛克菲勒与好友福特有一次在合资经商中失败。他是帮助洛克菲勒创建标准石油公司的伙伴之一。但是这一次，他竟因投资过大而惨遭滑铁卢。

接着发生的事情，却使福特惊异不已。

福特事后回忆说："有一天下午，我走在路上看到洛克菲勒和其他两位先生就在我的后面。但我没脸回头，假装没发现他们，一直向前走。可是他叫住了我，并在我肩上诚恳地拍了一下，说道：'我们刚才谈起关于你的事情。'我想或许他要责备我了，也或许他听了一些不确实的消息，我于是回答说：'那实在是一次极大的损失，我们损失了……''啊，那已是难能可贵的了。这全靠你处理得当，我们才能保存剩余的60%，这真的出乎我们意料之外，谢谢你！'洛克菲勒立刻打断了他的话说道。"

洛克菲勒用宽容的美德赢得了福特的敬重，他并没有因为已无法改变的事实而惋惜，进而责怪福特。

宽容的心，这是最大的美德，只有胸襟豁达的人才拥有。

宽容他人的缺点、过失、无礼，宽容了一切值得宽容的人、事，我们也便获得了高尚的品德，有时甚至是一种好运。

服装业巨子施瓦茨就是因为能够容忍别人的无礼、怪癖等诸多不足之处才走向成功的。

他在从业初期，有一次拿着样品经过一家小店，却无缘无故地被店主讥讽嘲笑了一番，说他的衣服只能堆在仓库里，再过几年也卖不出去。施瓦茨并没有反唇相讥，而是诚恳地向对方请教。结果发现那位小店主说得头头是道。施瓦茨大为吃惊。愿意以高薪聘用他，然而他不但不领情，又讽刺了施瓦茨一顿。

施瓦茨并没有放弃说服这位小店主。他运用各种方法打听，才知道这位小店主居然是一位极其杰出的服装设计师，只是因为他性情怪僻而与多位上司闹翻，一气之下才发誓不再设计，改行做商人的。

施瓦茨弄清楚事情的真相后，三番五次地登门拜访，并且诚心请教。这位设计师仍然是火冒三丈，劈头盖脸地骂他。然而施瓦茨不以为意，常去看望他，经常和他聊天并给予热情的帮助。到最后，这位设计师感到不好意思，终于答应出山。但是条件非常苛刻，其中包括他一旦不满意便要更改设计图案、允许他自由自在地上班。果然，这位设计师虽然常顶撞施瓦茨，让他下不了台，但其创造的效益实在是巨大，帮助施瓦茨建立了一个庞大的服装帝国。

和崇高为伴，因拥有宽容的美德，我们更平和、幸福，他人也会因此而获得心灵的宁静，不必内疚着生活。

宽容犹如冬日正午的阳光，去融化别人心田的冰雪变成潺潺细流。一个不懂得宽容别人的人，会显得愚蠢，大概也会苍老得快；一个不懂得对自己宽容的人，会因把生命的弦绷得太紧而伤痕累累，抑或断裂。倘若太吝惜自己的私利而不肯为别人让一步路，这样的人最终会无路可走；倘若一味地逞强好胜而不肯接受别人的一丝见解，这样的人最终会陷入世俗的河流中而无法向前；倘若一再地求全责备而不肯宽容别人的一点瑕疵，这样的人最终宛如凌空在太高的山顶，会因缺氧而窒息。

人非圣贤，就是圣贤也有一失之时，我们何以不能宽容自己和别人的失误？宽容并不意味对恶人横行的迁就和退让，也非对自私自利的鼓励和纵容。谁都可能遇到情势所逼的无奈，无可避免的失误，考虑欠妥的差错。所谓宽容就是以善意去宽待有着各种缺点的人。因其宽广而容纳了狭隘，因其宽广显得大度。

◆ 真诚的力量

一个小男孩捏着 1 美元硬币，沿街一家一家商店地询问："请问您这儿有上帝卖吗？"店主要么说没有，要么嫌他在捣乱，不由分说就把他给撵出了店门。

天快黑时，第 29 家商店的店主热情地接待了男孩。老板是个 60 多岁的老头，满头银发，慈眉善目。他笑眯眯地问男孩："告诉我，孩子，你买上帝干吗？"男孩流着泪告诉老头，他叫邦迪，父母很早就去世了，他是被叔叔抚养大的，叔叔是个建筑工人，前不久从脚手架上摔了下来，至今昏迷不醒。医生说，只有上帝才能救他。邦迪想，上帝定是种非常奇妙的东西，"我把上帝带回了，让叔叔吃了，伤就会好。"

老板眼圈也湿润了，问："你有多少钱？"

"1 美元。"

"孩子，眼下上帝的价格正好是 1 美元。"

老板接过硬币，从货架上拿了瓶"上帝之吻"牌饮料说："拿去吧，孩子，你叔叔喝了这瓶'上帝'，就没事了。"

邦迪喜出望外，将饮料抱在怀里，兴冲冲地回到了医院。一进病房，他就开心地叫嚷道："叔叔，我把上帝买回来了，你很快就会好起来！"

几天后，一个由世界上顶尖医学专家组成的医疗小组来到医院，对邦迪的叔叔进行会诊。他们采用世界上最先进的医疗技术，终于治好了他的伤。

邦迪的叔叔出院时，看到医疗费账单上那个天文数字，差点吓得昏过去。可院方告诉他，有个老头帮他把钱付清了。那老头是个亿万富翁，从一家跨国公司董事长的位置上退下来后，隐居在本市，开了家杂货店打发时光。那个医疗小组就是老头花重金聘来的。

邦迪的叔叔激动不已，他立即和邦迪去感谢老头。可老头已经把杂货店卖掉，出国旅游去了。

后来，邦迪的叔叔接到一封信，是那老头写来的，信中说："年轻人，您能有邦迪这个侄儿，实在是太幸运了。为了救您，他拿一美元到处购买上帝……感谢上帝，是他挽救了您的生命。但您一定要永远记住，真正的上帝，是人们的爱心与真诚！"

现代人在与他人相处的时候，多了一些伪善与自私和自利，少了原始的一份真诚与善良。

其实，在每个人的内心深处都有个渴望——希望人与人之间能够坦诚相见。多一份诚心就多一份感动。不过，我们从不自己主动对他人示好，又如何奢望他人的诚挚呢？

越在诚信丧失、情感荒芜的年代，越是诚实和真诚的人能获得大家的喜爱，过多玩弄权术的人终将被人们所遗弃。因为，谁都不敢相信那些虚伪的人，谁知道他们会不会对我们也一样使诈呢。

从前有一位贤明而受人爱戴的国王，把国家治理得井井有条，人民安居乐业。国王的年纪逐渐大了，但膝下并无子女，这件事让国王很伤心。终于他决定，在全国范围内挑选一个孩子为义子，培养成自己的接班人。

国王选子的标准很独特，给孩子们每人发一些花的种子，宣布谁如果用这些种子培育出最美丽的花朵，那么谁就成为他的义子。

孩子们领回种子后，开始了精心的培育，从早到晚，浇水、施肥、松土，谁都希望自己能够成为幸运者。有个叫汤姆的男孩，也整天精心地培育花种。但是，十天过去了，半个月过去了，一个月过去了，花盆里的种子连芽都没冒出来，更别说开花了。

苦恼的汤姆去请教母亲，母亲建议他把土换一换，但依然无效，母子俩束手无策。

国王决定观花的日子到了。无数个穿着漂亮衣裳的孩子们涌上街头，他们各自捧着盛开鲜花的花盆，用期盼的目光看着缓缓巡视的国王。国王环视着争妍斗奇的花朵与精神、漂亮的孩子们，但他并没有像大家想象的那样高兴。

忽然，国王看见了端着空花盆的汤姆。他无精打采地站在那里，眼角还有泪花，国王把他叫到跟前，问他："你为什么端着空花盆呢？"

汤姆抽噎着，他把自己如何精心侍弄，但花种怎么也不发芽的经过说了一遍，还说，他想这是报应，因为他曾在别人的花园中偷过一个苹果吃。没想到国王的脸上却露出了开心的笑容，他把汤姆抱了起来，高声说："孩子，我找的就是你！"

"为什么是这样？"大家不解地问国王，国王说："我发下的种子全部是煮过的，根本就不可能发芽开花。"

捧着鲜花的孩子们都低下了头，因为他们播下的种子都是自己重新找来的。

人际交往中的真诚不等于双方直接简单、毫无保留地相互袒露，它要求我们本着善意和理性，把那些真正有益于对方的东西系上美丽的红丝带送给对方。

最后，一定要把握原则，切不可从私利出发，颠倒黑白、混淆是非，否则只能遭受别人的唾弃。

我们要把握住一点，真诚的核心和灵魂就是与人为善。如果对别人来说，"谎话"更适宜和容易接受，又不会伤害任何人的利益，我们不妨放弃对"完全诚实"的固执；但在任何时候，都绝不能为了个人利益而放弃诚实。那些经常为私利表现不诚实的人是不会获得成功的。

1848年，一声刺耳的枪声打破了美国南部一个小镇的沉寂。镇上的警长和一名年轻警察听见枪声马上奔向出事地点。他们赶到现场，看见一位青年人倒在卧室里，头下一摊血迹，旁边的地板上有一支手枪，桌子上有一份刚写下的遗书。原来，他追求的少女昨天与一个男人结婚了。

现场挤满了看热闹的人，死者的亲属站在房间里发呆。年轻警察很同情这一家人，不仅因为他们刚失去了儿子，还因为这里的人都是基督徒，按照基督的教义，自杀的人是在上帝面前犯罪，灵魂将被打入地狱受苦。在这个思想保守的地方，这一家人从此会被看成异教徒，镇上体面人家将不会和他们来往，并且禁止子女和他们的孩子交往。

这时候，一直紧锁眉头的警长突然大声说："这不是自杀，而是一起谋杀。"说完在死者身上摸索了一阵，回头问围观的人群说："你们可曾看见了他的银表？"

镇上所有人都认得那块银表，这是那位少女送给死者的信物。过去，这个年轻人隔不了几分钟便要把表拿出来，打开表盖看时间。警长这么一问，周围的人急忙否认。警长站起身，若有所思地对大伙说："要是你们都没看见，肯定是被凶手拿走了，可以肯定这是谋财害命。"

警长这么一说死者的家人就大哭起来，灵魂的耻辱变成了丧亲的悲痛。刚才横眉冷对的邻居走过去，友善地安慰他们。处理完现场，警长满怀信心地说："只要找到那块银表，就能够抓住凶手。"

年轻警察对警长敏锐的观察力很钦佩，他一走出那所房子就问："警长，我们怎样才能找到那块表呢？"

警长露出一丝奇怪的微笑，将手伸进口袋，慢慢掏出一块银表。年轻警察惊呆了，问道"这是怎么回事呢？哦，我明白了，这年轻人肯定是自杀啦，可你为什么要说是谋杀呢？"

警长严肃地说:"这样一说,死者的家人就不用为他的灵魂担心了。而且当他们的悲痛过去之后,还能像一个基督徒一样生活。"

"可是,警长,你说了谎,这也是违背教义的。"

警长严厉地盯着他的助手,一字一字地说:"年轻人,那一家人的生活比教义重要百倍。出于善良愿望说的一句谎言,上帝也许不想听见。"

在生活中要做一个真诚的人不容易,因为它来不得半点虚假和功利,需要实实在在地付出、奉献。真诚待人、克己为人的人,也许偶尔会被欺诈,但他们会真正时时受人欢迎。面对一个处处为他人着想,绝不为个人利益放弃诚实的人,人人都会真诚地接纳他,愿意和他交往。所以,我们要学会体谅他人的心情,并且做一个真诚的人。

◆ 热情融化冰雪

热情的能量能点燃事业兴旺的火焰,也能消融人们心中冷漠的冰雪。

有一个孩子非常喜欢拉小提琴,7岁时就和旧金山交响乐团合作演奏了门德尔松的小提琴协奏曲,未满10岁就在巴黎举行了公演,被人们誉为神童。

1926年,10岁的小男孩在父亲的带领下,来到巴黎拜访艾涅斯库,他一心想成为艾涅斯库的学生。

他说:"我想跟您学琴!"

艾涅斯库冷漠地回答:"你找错人了,我从来不给私人上课!"

男孩坚持说:"但我一定要跟您学琴,求您先听听我拉琴吧!"

艾涅斯库说:"这件事不好办,我正要出远门,明天早晨6:30就要出发!"

男孩忙说:"我可以提早一个小时来,在您收拾东西时拉给您听,好吗?"

艾涅斯库被男孩的坚定意志打动了,他说:"那好吧,明早5:30到克里希街26号,我在那里等你。"

第二天早晨6:00,艾涅斯库听完了男孩的演奏。他兴奋而满意地走出房间,对等候在门外的男孩的父亲说:"我决定收下你的儿子。不用付学费,他给我带来的快乐完全抵得过我给他的好处。"

男孩从此成为艾涅斯库的学生,他努力学琴,最终学有所成。他就是后来的世界著名小提琴演奏家梅纽因。

凭着那股想要能让艾涅斯库指导自己琴艺的热情,小男孩执着地要求想让他听一下自己拉琴,甚至在艾涅斯库明显的拒绝之后仍然不愿放弃,愿意在清晨5:30分来拉琴给收拾行装的艾涅斯库听。最终,因为这样的热情、执着和男孩本身非凡的琴艺,使他成了艾涅斯库的学生。

毕业于哈佛的拉尔夫·爱默生说:"一个人如果缺乏热情,那是不可能有所建树的。热情是在别人说你'不行'时,发自内心的有力的声音——'我行'。"只要你再坚持一点。再执着一点,成功就近在眼前了。

一个雨天的下午,有位老妇人走进匹兹堡的一家百货公司,漫无目的地在公司内闲逛,很显然是一副不打算买东西的样子,大多数的售货员只对她扫一眼,然后就自顾自地忙着整理货架上的商品,以避免这位老太太麻烦他们。其中一位年轻男店员看到了她,立刻主动地向她打招呼,非常热情地问她,是否有什么需要帮忙的。这位老太太对他说,她只是进来躲雨的,并不打算买任何东西。年轻店员说,他们同样欢迎她的到来。他主动地和她聊天,以显示他欢迎的诚意。当她离开时,年轻人还陪她到门口,替她把伞打开。这位老太太向年轻人要了张名片就上车了。

此后的一天,年轻人突然被公司老板召到办公室,老板向他出示了一封信,是一位老太太写来的。这位老太太要求这家百货公司派一名销售员前往英格兰,代表该公司接下装修一所豪华住宅的工作。

这位老太太就是钢铁大王卡内基的母亲。

在这封信中,卡内基的母亲特别指定这名年轻人代表公司去接受这项工作。这项工作的交易额十分庞大。

是热情让这位年轻人找到了财富增值的机遇,热情就有如冬日里温暖的阳光,让每个人都感到暖意融融。

荷兰足球明星克鲁伊夫曾5次被评为荷兰"足球先生",3次被评为欧洲"足球先生"。他风度翩翩,言谈举止十分讲究。他曾收到许多姑娘的情书,但他没有理会,因为他要在绿茵场上奔跑。一次,他收到一个用裘皮精装的日记本。每一页上都只有一个名字,他自己亲笔写的名字——克鲁伊夫。一直翻到最后才有一篇文章,那秀丽流畅的笔迹使克鲁伊夫惊诧不已,他一口气读完了它:

……我已经看过你踢的100场球,每一场都要求你签名,而且也得到了,我多么幸运啊!当然,对于拥有无数崇拜者的你来说,我是微不足道的一个,爱是群星向天使的膜拜,我多么希望你对我已经有一点印象呵……

坦率地说，我爱你，这封信花了我整整一个星期，我曾经在月下彷徨，曾经在玫瑰园惆怅，也曾经在公园徘徊，好多次想迎着你，我毕竟才19岁，少女的羞涩仍不时漾上脸来，心中只有恐惧和向往……现在，爱神驱使我寄出了这个本子。

……如果你不能接受我奉上的爱情，请把这个本子还给我，那上面"克鲁伊夫"的名字会给我破碎的心一半的慰藉，那另一半就是你，我多么想也得到那另一半呵……

这封信字里行间流露出的真挚感情和她对克鲁伊夫热烈的爱深深打动了克鲁伊夫，他终于留下了本子。一星期后，克鲁伊夫和丹妮·考斯特尔相会了。21岁的世界足球明星和19岁的美丽姑娘一见钟情，成为一段佳话。

热情是一种良好的心态，它能消除你在工作、生活中的压力。

著名大提琴家P.卡萨尔斯当年已90高龄，还是每天坚持练琴4～5小时，当乐声不断地从他的指间流出时，他俯曲的双肩又变得挺直了。他疲乏的双眼又充满了欢乐。

美国堪萨斯州威尔斯维尔的E.莱顿直至68岁才开始学习绘画。她对绘画表现出极大热情，她在这方面获得了惊人的成就，同时也结束了折磨过她至少有30余年的苦难历程。

美国文学家爱默生曾写道："人要是没有热情是干不成大事业的。"大诗人乌尔曼也说过："年年岁岁只在你的额头上留下皱纹，但你在生活中如果缺少热情，你的心灵就将布满皱纹了。"

人们只有有了热情，才能把额外的工作视作机遇，才能把陌生人变成朋友，才能真诚地宽容别人，才能爱上自己的工作。不论什么头衔，有多大权力，只要你拥有了热情，就能产生浓厚的兴趣和爱好，就会变得心胸宽广，抛弃怨恨和仇视，就会变得轻松愉快。

第8章

团队情商：
在和谐中共赢

第1节 生存必需的团队情商

◆ 单位不要罗宾汉

罗宾汉是个人英雄主义的象征。或许在过去，这种个人英雄主义还有生存的余地，但在如今这样一个分工精细的社会，不懂合作的人已无立锥之地。

许多单位的生产线，都是一环扣一环，任何一个环节出现了故障，都有可能导致整条生产线停止运作！

俗话说"独木难成林"、"孤掌难鸣"，在高度协作的现代化生活中，"罗宾汉式"的人物已遭到淘汰。

每个人都想知道地狱与天堂的区别。

有一天，王小二巧遇观音菩萨，他向菩萨提出想看看天堂与地狱生活的心愿。

菩萨因小二之虔诚而答应带他到天堂与地狱一游。

当菩萨带小二到阴森森的地府时，他看见了骨瘦如柴、饱受饥饿的小鬼们。

"为什么他们都这么瘦呢？"小二问菩萨道。

"你瞧！"

此时，正好午餐时间到了，那些饿鬼都涌到一个巨大的锅旁。不过，此时他们的双手都被绑上了一双长达6尺的木匙。他们争先恐后地争吃，但由于被长匙所约束，无法将食物送进口中，许多食物都被泼洒在地上。

看到此景，小二才明白为什么这些饿鬼永远是那么瘦小。

片刻，菩萨又带小二来到天堂。天堂内鸟语花香，仙人们个个脸色红润，身体健康，精神饱满。

"他们到底吃什么食物呢？"小二问菩萨。

"食物没有什么差别，不同的是不像地狱之的鬼那样贪婪、自私。你瞧！"

时逢一群仙人正在一个巨大的锅旁吃饭，他们的双手也绑着一双长达6尺的木匙，与饿鬼无异。但不同的是，当他们以木匙弄到食物时，他们是将食物往对方的嘴里送去，而对方也将食物弄给他们，在大家彼此的默契合作下，个个都吃得饱饱的！

看了此景后，小二才真正明白：天堂与地狱的生活就是有区别啊！

合作使地狱变成天堂，孤立与极端自私的利己主义只会让天堂沦为地狱。

人们常说"三个臭皮匠，赛过诸葛亮"，说的同样是合作的道理。每个人的精力、资源有限，只有在协作的情况下才能达到资源共享。因此，现在众多的公司在招聘职员时，都把"与人合作及协调能力"作为一项重要的能力来考察。

懂得协作的人，都是懂得利用他人优势来弥补自己短处的人。

有一个小伙子，在一所著名大学念书。自从开始上大学，就立志要出国念法律，他为此考了"托福"，也考了"LSAT"，成绩很好，美国的哈佛大学、耶鲁大学都寄来了入学通知书。但是，两个学校都只给他一半奖学金。他还必须每年支付1.5万美元的学费和生活费。虽然到美国后半工半读这1.5万美元可以挣来，可第一年去总得带上十万二十万人民币。这个数目对他来说简单是个天文数字。

在一次老乡会上，他认识了一位在北京做生意的老乡，这位老乡是个亿万富翁。这个小伙子很有心计，专门到这位老乡家里拜访了两次，跟这位有钱的老乡谈人生，谈理想，虚心地请教人生经验，还专门把自己面临的问题——要么借钱去美国，成就一番事业；要么放弃出国的打算，在国内努力寻求其他发展，与这位老乡探讨。

知道这位小老乡的困难后，这位亿万富翁痛快地答应先让小老乡从自己这里借20万元，以后在美国混出息了再还他，如果混得不好，这20万元就算是资助他了。有了这20万元，这位小伙子成功地去了耶鲁大学法学院，现在已经毕业，并在一家著名跨国企业——通用汽车公司的法律部担任要职。此时，20万元人民币，对他来说只是一个小数目，但是，如果当初没有借助老乡对他的支援，现在他也可能干得很成功，但他的美国梦或许就破灭了。

单打独斗的年代已经一去不复返，只有懂得合作的人才能借别人之力成就自己，并因此而达到双赢。

在美国一些拥有良好投资设想的人，常常要与拥有巨大财富的人联手，互相帮助，以财生财，从而使双方获取更大的利益。

摒弃个人主义，学会优势互补必将为你的事业推波助澜。

◆ 合作才能共赢

从前，有两个饥饿的人得到了一位长者的恩赐：一根鱼竿和一篓鲜活的鱼。其中，一个人要了一篓鱼，另一个要了一根鱼竿，然后，他们分道扬镳了。

得到鱼的人在原地就用干柴搭起篝火煮起了鱼，他狼吞虎咽，还没有品出鲜鱼的肉香，就连鱼带汤被他吃了个精光。不久，他便饿死在空空的鱼篓旁。另一个人则提着鱼竿继续忍饥挨饿，一步步艰难地向海边走去，可当他看到不远处那蔚蓝色的海洋时，他连最后一点力气也使完了，他也只能眼巴巴地带着无尽的遗憾离开人间。

又有两人饥饿的人，他们同样得到了长者恩赐的一根鱼竿和一篓鱼。只是他们并没有各奔东西，而是商定共同去寻找大海。他俩每次只煮一条鱼，经过漫长的跋涉，来到了海边，从此，两个人开始了以捕鱼为生的日子。几年后，他们盖起了房子，有了各自的家庭、子女，有了自己建造的渔船，过上了幸福安康的生活。

故事虽小，然而向我们讲述的道理却是深刻的：只有合作才能生存。每个人的力量都是有限的，要想到达目的地，与人合作是非常必要的。

每个人的能力总是有限的，有些人精力旺盛，认为没有自己做不到的事。其实，精力再充沛，个人的能力还是有一个限度的。超过这个限度，就是人所不能及的，也就是你的短处了。每个人都有自己的长处，同时也有自己的不足，这就需要与人合作，用他人之长补己之短。

人的性格和能力是有差别的，这些差别是长期形成的，不能说哪一种类型就一定好，哪一种类型就一定坏。正是这些不同，每个人所能从事的工作性质就不一样。要想有所作为，首先得明白自己的性格和能力，然后选定一个适合你自己的工作目标。在与人合作时，也应注意分析别人的性格特点，尽可能使每个人都能找到适合于自己的工作，也就是他能弥补你的短处，你能补救他的不足。

你如果能从事与自己个性相适合的工作，就一定会全心全意做好这项工作。世界上最大的悲剧就是，大多数人从事并不适合其个性的工作。过去的社会体制限制着个人，使得他们没有选择的权利。现在的社会，选择余地越来越大，好多人却仍然只是选择或从事从金钱观点看来是有利可图的事业或工作，根本没有去考虑自己的个性和能力。现在，社会为人们提供了便利的条件和宽松的发展环境，你可以自由择业，这样的机会你一定要把握好，才不会在年老回首往事时感到遗憾。

只有充分发挥自身优势并能利用他人的优势来弥补自己不足的人，才能在今天的社会中取得成就。

有一个不久于人世的老人，他把三个儿子召到自己的病榻前，对他们说："亲爱的孩子们，你们试着把这捆箭折断，等会儿我要讲一讲它们为什么捆在一起。"

大儿子先试，他费尽九牛二虎之力也没把箭折断。"要劲大的人才能折断。"于是他把箭给了二儿子。二儿子用力地折，还是折不断。小儿子也是白费劲，连一根箭都没折断。

父亲说："软弱乏力的人，看看爸爸的力气怎么样？"儿子们还以为父亲是在开玩笑，都笑而不答，但他们都领会了。老人把箭拆开，轻松地把箭一根根折断。

"看啊，"老人说，"这就是团结的力量。孩子们啊，要团结，你们要以手足之情团结在一起。这样的话，你们就不会被某个人、某种困难打败了。"老人知道自己就要撒手人寰，又告诫孩子们："我的孩子，千万要记住我的话，要始终团结在一起，在死之前我要听到你们发誓。"他的三个儿子都泪流满面，他们向父亲起誓会遵守他的话。老人满意地闭上了眼。

兄弟们整理遗物时，发现父亲给他们留下了丰厚的遗产，但是麻烦也很多，一个债主申请扣押财产，有个邻人又要和他们打土地官司。

刚开始，三兄弟遇到问题时还能协商处理，很快就把问题处理好了。但是，出于各自的利益，他们又争吵着要分家。债主和邻居趁机发难，重新翻案。兄弟之间的矛盾更大了，他们互相钩心斗角，最后他们丧失了所有的家产。当他们想起父亲的教诲，还有捆起来又被拆开的箭时，他们都后悔不已。

在竞争日趋激烈，甚至达到白热化的地步，如何在夹缝中寻求属于自己的一份利益，这是每个人都关注的问题。很显然单靠个人的力量是不可行的，现代社会不需要个人主义，而需要凡事能够合作的人。

只有互相合作才能生存，也只有协作得好才能达到双赢。

第 2 节　智慧情商带来高效团队

◆ 用幽默化解冲突

幽默不仅能消除烦恼、增添快乐、活跃气氛，还能化解尴尬。每个人的心里都会有些痛处，给人提起就容易心浮气躁。这时不妨唤醒你潜藏的幽默感，收集一些巧答妙对来应付一些尴尬的场面。

丘吉尔说过："除非你绝顶幽默，否则就无法处理绝顶重要的事，这是我的信念。"杰出的政治家就经常用幽默化解对手的攻击或一些不便回答的问题。丘吉尔任国会议员时，有位女议员十分嚣张。一天，她居然在议席上指着丘吉尔说："假如我是你老婆，一定在你咖啡杯里下毒。"

狠话一出，人人屏息。却见丘吉尔顽皮地笑答："假如你是我老婆，我一定一饮而尽！"结果，全场人士及那位女议员都哄堂大笑。寓讽于答，果然立刻化戾为祥。

丘吉尔不愧是伟人，懂得幽默是语言的绝佳润滑剂。

丘吉尔有个习惯，一天之中无论什么时候只要一停止工作，就到热气腾腾的浴缸中去泡一泡，然后光着身子在浴室里踱步，一边思考问题，一边让身体放松放松。

有一次，丘吉尔率领英国代表团到美国去进行国事访问，他们受到热情款待。

为了方便两国领导人的交流，组织者安排丘吉尔下榻在白宫，与美国总统罗斯福离得很近。

一天，丘吉尔又像往常一样泡在浴缸里，然后光着身子在浴室里踱步。当时，世界反法西斯战争进行得如火如荼。丘吉尔在思考着战场上的形势，以及如何同美国联手对付德国法西斯。想着想着，他已经忘了自己在什么地方，而且还是光着身子。

碰巧，罗斯福有事来找丘吉尔，发现屋里没人。罗斯福刚欲转身离去，听见浴室里有水响，便走过来敲浴室的门。

丘吉尔正在聚精会神地考虑问题，听见有人敲门，本能地说了一句：

"进来吧。"

门打开了，美国总统罗斯福出现在门口。罗斯福看到丘吉尔一丝不挂，十分尴尬，进也不是，退也不是，索性一言不发地站在门口。

此时，丘吉尔也清醒了。

丘吉尔看了看自己，又看了看罗斯福，急中生智地说道：

"进来吧！总统先生。大不列颠的首相是没有什么东西可对美国总统隐瞒的！"

说罢，这两位世界名人不约而同地哈哈大笑。

在有些尴尬的场合，恰如其分地幽默能使自尊心通过自我排解的方式受到保护，而且能体现出说话者宽宏大度的胸怀。

幽默历来是最妙的语言艺术。一次，著名的德国作曲家翰内斯·勃拉姆斯参加一个晚会，不曾想到晚会上他遭到一群厚脸皮女人的包围，他边礼貌地应付，边想解脱的办法，忽然他心生一计，点燃了一支粗大的雪茄。很快，有几个女人忍不住咳嗽起来，勃拉姆斯照样泰然自若地抽他的雪茄。终于有人忍不住了，对勃拉姆斯说："先生，你不该在女人面前抽烟！""不，我想有天使的地方不该没有祥云！"勃拉姆斯微笑着回答。勃拉姆斯用幽默的语言，使自己从无奈的纠缠中摆脱了出来。

美国前总统林肯的长相一般，众所皆知。有一次，他针对有人谩骂他是两面派的这个问题，在集会上说："有人骂我两面派，我若是还有另一张脸，我还会愿意带这张脸来参加集会吗？"一语双关，博得一片喝彩。

拿破仑的身高只有158厘米。当年他担任意大利军总司令时，曾对比他身材高大的部下说："将军，你的个子正好高出我一个头；不过，假如你不听指挥的话，我就会马上消除这个'差别'。"严厉中，显示出他的幽默和自信。

英国上议院议员史纳托夫·里德有次发表演说。正当听众们屏息凝神地倾听之际，忽然席间一名听众座椅的腿折断了，人也跌坐在地上。

正当他感到尴尬万分之际，里德却立刻说道："现在各位应该可以相信，我所提出的理由足以'压倒'每个人吧！"在众人哄笑中，他轻易地为对方解了围。

毫无疑问，笑如香水，向人洒得多，自己也必会沾上几滴。

塞万提斯说过："人类是唯一会笑的动物，别让这份天赋生锈了。"

法国文学家伏尔泰于1727年访问英国。他发现英国人对法国人非常仇视，在街上走很危险。有一天，一群英国人向他怒吼："杀了他，把这法国人吊死。"伏尔泰机智幽默，他停下脚步，对着群众说："英国人！你们因我是法国人而要杀我，难道因为我不是英国人而受的惩罚还不够吗？"英国人听了哈哈大笑，居然一路送他安返寓所。

幽默，最能去除难题，具有把悲剧转为喜剧的力量，而且只在你一念之间。心胸开朗的人，总能自信地幽自己一默，给别人带来欢笑。

有一次，柯立芝总统任期将满时，声明不再竞选总统。当时新闻记者总是团团把他包围，要他详细说明原因。有一位记者特别固执，非要问出个究竟："为什么你不想再做总统？"

结果他很幽默地回答："因为没有升迁的机会。"

随着年岁渐长，我们肩负的责任也更繁重，未清的账单、待洗的衣服、失落在年轻时代的爱情遗憾，这些都成为我们无法幽默的缘由。很多人认为幽默的方式是不正式的，经常"嬉皮笑脸"的人成不了大事。那上面的这些例子能否让你的观点有所改变呢？我们总是把事态看得过分严重，以致忘了该如何笑，如何处之泰然。

著名的讽刺专家林克雷特建议大家："当你生气时，试着想象对方正裸着身子。"这句话的真正含义是指：当你为一个难缠的人加上一幅幽默的影像时，你就掌握了解决问题的绝对优势。

幽默就是从一种趣味的角度看待发生在你身上的种种事情，只在一念之间，悲剧变喜剧。请在自己的心里洒下幽默的种子，不用多久，你会发现，自己是世界上最富有的人！

爱因斯坦是举世闻名的科学家，但他从不注重自己的着装。

爱因斯坦第一次来到纽约，在大街上遇到了一位老朋友。这位朋友见爱因斯坦衣服破旧，便说：

"你看你的大衣，又破又旧，换件新的吧。怎么说你也是知名人士呀！"

爱因斯坦笑了笑说：

"没关系，没关系。我刚来到纽约，这儿没有几个人认识我。"

几年后，爱因斯坦和他的相对论都已名声大噪。巧的是，爱因斯坦又和他的那位朋友在街上相遇了，更巧的是，爱因斯坦还是穿着那件"又脏又破"的大衣。这一次，爱因斯坦不等朋友开口，便自嘲道："这次更不用买新大衣了，全纽约的人都已经认识我了。"

尴尬场合，得体合适地运用幽默可以平添风采。当然，自嘲要避免采取玩世不恭的态度。

◆ 机智平息事端

唐朝李景让在浙西担任观察使期间，有一次军队内部群情激愤，气氛紧张，眼看就要发生事变。

李景让一筹莫展地叹着气，坐等事态的发展。

这件事被他的母亲郑氏知道了，走出内室一看，士兵们一个个瞪着眼睛，说话粗声粗气的，憋着一肚子的怨恨。她把一个士兵叫到身边，友善地和他说话。士兵看着李母十分诚恳的样子，就告诉她士兵的不满情绪都是冲着她儿子来的。原来，李景让性格暴戾，不懂得爱护士兵，军中都有怨言。有一位副将当面顶撞了他，李景让竟然命令卫士用刑杖将副将活活打死。此事激起公愤，还不知怎样收场呢。

郑氏在军中生活多年，知道一旦发生兵变，不仅儿子的生命和前程丢了，而且对国家还会带来祸害。这可怎么办呢？事情都是自己的儿子乱打乱杀引起的，这账首先要算到李景让身上。她拿定主意，命人将儿子叫到庭前，当着诸位将士的面大声斥责道："皇上把浙西托付给你，你理应把这块地方治理好。可是，你却滥杀无辜，激怒将士，万一由此发生动乱，你如何对得起朝廷和浙西的老百姓呢？"

李母越说越来气，禁不住声泪俱下："你在任期间发生了如此不光彩的事，叫我如何还有脸面活下去呢？你不是想活活气死我吗？这样不忠不孝的人，留着又有何用呢？"说毕，命人剥掉李景让的上衣，狠抽其背，直打得鲜血淋漓，伤痕累累。将士们看到李母这样责罚儿子，气消了大半，纷纷上前求情。

最后，李母饶了儿子，军中的不满情绪也由此平息。

俗话说："解铃还须系铃人"，问题出在谁的身上，就要在谁的身上寻找解决问题的突破口。李母平息事端的谋略实在是高超。

李母在这样的冲突上表现出卓越的情商，用她的机智将一切危机化解于无形。谁都可能遭遇对己不利的事情，这时我们需要运用智慧来解决问题。

1956年在苏联共产党第二十次代表大会上，赫鲁晓夫做了"秘密报告"，揭露、批评了斯大林肃反扩大化等一系列错误，引起苏联人民及全世界各国的强烈反响。大家议论纷纷。

由于赫鲁晓夫曾经是斯大林非常信任和器重的人，很多苏联人都怀有疑问：既然你早就认识到了斯大林的错误，那么你为什么早先从来没有提出过不同意见？你当时干什么去了？你有没有参与这些错误行动？

有一次，在党的代表大会上，赫鲁晓夫再次批判了斯大林的错误，就在这时候，有人从听众席上递来一张纸条。赫鲁晓夫打开一看，上面写着："那时候你在哪里？"

这是一个非常尖锐的问题，赫鲁晓夫的脸上很难堪。他很难作出回答，但他又不能回避这个问题，更无法隐瞒这个条子，这样会使他丢面子，失去威信，让人觉得他没有勇气面对现实。他也知道，许多人有着同样的问题。更何况，这会儿台下成千双眼睛已盯着他手里的那张纸，等着他念出来。

赫鲁晓夫沉思了片刻，拿起条子，通过扩音器大声念了一遍条子上的内容，然后望着台下，大声喊道：

"谁写的这张条子，请你马上从座位上站起来，走上台。"

没有人站起来，所有的人心都怦怦地跳，不知赫鲁晓夫要干什么。写条的人更是忐忑不安，后悔刚才的举动，想着一旦被查出来会有什么样的结果。

赫鲁晓夫重复了一遍他的话，请写条的人站出来。

全场仍死一般的沉寂，大家都等着赫鲁晓夫的爆发。

几分钟过去了，赫鲁晓夫平静地说："好吧，我告诉你，我当时就坐在你现在的那个地方。"

面对当众提出的尖锐问题，赫鲁晓夫不能不讲真话。但是，如果他直接承认"当时我没有胆量批评斯大林"，势必会大大有损自己的面子，也不符合一个有权威的领导人的身份。于是赫鲁晓夫巧妙地即席创造出一个场面，借这个众人皆知其含义的场景来含蓄地给出自己的答案。这种回答既不损害自己的威望，也不让听众觉得他在文过饰非。赫鲁晓夫创造的这个场景还让所有在场者感到他是那么幽默风趣，平易近人。

情商高的人都是充满智慧光芒的，他们的卓越，表现在遇到同样的问题之时，他们总是比平常人处理得更漂亮，结局常在他们的控制之中，这就是所谓的过人之处。

◆ 失言之后巧解围

俗话说"人有失言，马有失蹄"，失言之事并不严重，因为还有补救的措施，但如何补救就要看说话者的情商了。

司马昭与阮籍有一次同上早朝，忽然有侍者前来报告："有人杀死了母亲！"阮籍素来放荡不羁，信口说道："杀父亲也就罢了，怎么能杀母亲呢？"此言一出，满朝文武大哗，认为他"抵牾孝道"。阮籍也意识到自己措辞不当，可能招来杀身之祸。

阮籍连忙解释说："我的意思是，禽兽知其母而不知其父，杀父就如同禽兽一般。杀母呢？就连禽兽也不如了。"一席话说得面面俱到，众人无可辩驳，阮籍也免去了杀身之祸。

在人际交往过程中，即使辩才如张仪，也难免会遇到词不达意的尴尬情况，更不用说偶尔头脑发昏，举止失当，做出莫名其妙的蠢事。虽然个中原因不同，但后果相似：贻笑大方，或引起纠纷。这种时候，你就得让脑子转个弯儿，想法子化解纠纷。

阮籍巧妙地引用一个比喻，在众人面前于不知不觉中更换了题旨，巧妙地平息了众怒。诸如此类的，举不胜举。

隋唐时，秦琼贫病交加晕倒在单家庄。单雄信救起他，说起自己久仰秦琼的大名，但苦于不曾谋面。秦琼脱口而出："正是在下。"话一出口他便后悔了——怎么能在一个陌生人面前暴露自己的身份？于是他很快在后面添了四字，改成"正是在下同衙朋友"，巧妙地掩饰了自己的身份。

著名剧作家曹禺的话剧《雷雨》中有这样一个场景：鲁侍萍再次见到失散多年的长子周萍时，心情激动，呼出声："萍……"但她立刻意识到母子两人地位悬殊，周朴园也不可能让她认这个儿子，于是强忍悲痛，改口道："萍——凭什么打我的儿子？"（剧中周萍伸手打了鲁侍萍的小儿子鲁大海，与周萍乃同母异父的兄弟）

一场风波消失于无形。

失言之后的补救措施真正体现出说话人的情商高低，有的人不够镇定只会乱上加乱，但也有人能稳住自己，分析状况之后为自己机智解围。

郭德成是元末明初人，他性格豁达，十分机敏，特别喜爱喝酒。在元末动乱的年代里，他和哥哥郭兴一起，随朱元璋转战沙场，立了不少战功。

朱元璋做了明朝开国皇帝后，原先的将领纷纷加官晋爵，待遇优厚，成为朝中达官贵人。郭德成仅仅做了戏骑舍人这样一个普通的官员。

一次，朱元璋召见郭德成，说道："德成啊。你的功劳不小，我让你做个大官吧。"

郭德成连忙推辞说："感谢皇上对我的厚爱，但是我脑袋瓜不灵，整天不问政事，只知道喝酒，一旦做了大官，那不是害了国家又害了自己吗？"

朱元璋见他辞官坚决，内心赞叹，于是将大量好酒和钱财赏给郭德成，还经常邀请郭德成去皇家后花园喝酒。

一次，郭德成兴冲冲赶到皇家后花园，陪朱元璋喝酒。眼见花园内景色优美，桌上美酒香味四溢，他忍不住酒性大发，连声说道："好酒，好酒！"随即陪朱元璋喝起酒来。

杯来盏去，渐渐地，郭德成脸色发红，醉眼蒙眬，但他依然一杯接一杯，喝个不停。眼看时间不早，郭德成烂醉如泥，跟跟跄跄地走到朱元璋面前，弯下身子，低头辞谢。结结巴巴地说道："谢谢皇上赏酒！"

朱元璋见他醉态十足，衣冠不整，头发纷乱，笑道："看你头发披散，语无伦次，真是个醉鬼疯汉。"

郭德成脱口而出："万岁，我觉得没有头发的和尚才真痛快呢。"

朱元璋一听，这小子揭自己老底儿，不禁发怒。但转念一想，以后再治他罪也不迟，于是放他回家。

郭德成酒醉醒来，一想到自己在皇上面前失言，恐惧万分，冷汗直流。

郭德成知道朱元璋对这件事不会轻易放过，自己以后难免有杀身之祸。怎么办呢？他深深地思考着：向皇上解释，不行，解释只会增加皇上的嫉恨；不解释，自己已经铸成大错，难道真的要为这事赔上身家性命不成？郭德成左右为难，苦苦地为保全自身寻找妙计。

过了几天，郭德成继续喝酒，狂放不羁，和过去一样，只是进寺庙剃光了头，真的做了和尚，整日身披袈裟，念着佛经。

朱元璋看见郭德成真的做了和尚，心中的疑虑、嫉恨全消，还向自己的妃子赞叹说:"德成真是个奇男子,原先我以为他讨厌头发是假,原来想做和尚是真。"说完,哈哈大笑。

后来,朱元璋猜忌有功之臣,原来的许多大将们纷纷被他找借口杀掉了,而郭德成却保全了性命。这是由于他能够从小的祸事看到以后事态的发展,提前避祸,才不至于招来杀身之祸。

第3节 做一个受同事喜爱的人

◆ 欣赏并认可你的同事

一个团体当中有形形色色的人,有的人有快乐的天性,能够给他人带来笑声;有的人非常善解人意,与之交谈总有如沐春风的感觉;有的人则拥有渊博的知识,随意的交流总能带给他人惊喜,使听者获得更多的知识……

孔子说"三人行,必有我师焉",每个人都有属于他自己的长处。我们不可能是全才,也不可因为我们具备了某方面的才能而夜郎自大。

每个同事都有值得我们肯定与学习的地方,没有一个一无是处的人。

赵利上大学时,班上有个很会欣赏别人的同学,常能听到他对别的同学进行称赞。那时他觉得这同学挺庸俗,年纪轻轻何以学得如此世故,搞这等"阿谀奉承",真没有意思。

不过这个"庸俗"的同学在班上人缘极好,在竞争意识很浓、谁对谁都不服气、彼此讲究"封锁"的氛围里,这位同学似乎是个例外,他如鱼得水,能够和大多数同学进行交流沟通。更让人刮目相看的是,这位同学的成绩由入学时的垫底位子一路飙升。到了毕业时,他已是年级的前几名了。即使这样,赵利还是能听到他对别人的赞扬。后来他们又分到了同一个单位,别看这位同学其貌不扬,但特会处事:见谁都打招呼,好像早就是老熟人似的,而且总听他赞扬人,一副谦虚的样子。同事芝麻一点事儿,他都爱帮忙。他来了不到一年,不但得到领导的首肯,许多同事,尤其是年长的同事也都很喜欢他,许多诸如学习培训、参观考察的"美差"都落到他的头上。年底，他还被评为先进工作者。而赵利他们这些平时工作勤勤恳恳、自恃"清高"的人却什么也没得到，他们都说这不公平！

与其说这个男孩的成功是"阿谀奉承"，不如说是由于他真心欣赏他人的优点成全了他。因为靠"伪称赞"是无法获得那么多人的认可的，唯有出于真诚的欣赏才会有此结果。

有一次，德鲁克在纽约的第33街和第8街交叉的那家邮局排队寄一封挂号信。德鲁克发现那位管挂号的职员，对自己的工作感到很不耐烦——称信件、卖邮票、找零钱、发收据，年复一年重复工作。因此德鲁克对自己说："我要使这位仁兄喜欢我。显然，要使他喜欢我，我必须说一些好听的话，不是关于我自己，而是关于他。"所以德鲁克就问自己："他真有什么值得我欣赏的地方吗？"有时候这是个不容易回答的问题，尤其是当对方是陌生人的时候。但这一次碰巧是个容易回答的问题，德鲁克立即就看到了他值得自己欣赏的一点。

因此，当他在称德鲁克的信件的时候，德鲁克很热情地说："我真希望有你这种头发。"

他抬起头，有点惊讶，脸上露出微笑。

"嗯，不像以前那么好看了！"他谦虚地说。德鲁克对他说，虽然他的头发失去了一点原有的光泽，但仍然很好看。他高兴极了，他们愉快地谈了起来，而他对德鲁克谈的最后一句话是："相当多的人称赞过我的头发。"德鲁克敢打赌，这位仁兄当天出去吃午饭的时候，走起路来一定是飘飘欲仙的。

德鲁克曾公开说过这段经过。事后有人问德鲁克："你想从他那儿得到什么呢？"

德鲁克想从他那儿得到什么？

如果我们是如此自私，一心想从别人那儿得到什么回报的话，我们就不会给予别人一点快乐、一点真诚的赞扬——如果我们的气度如此狭小，我们就会理所当然地失败。

是的，德鲁克是想从那位仁兄那儿得到什么，德鲁克想要一件无价的东西，并且得到了，德鲁克得到了这种感觉，就是自己为他做了一件事，而他又无需回报。这是一种当事情过去很久，还会在你的记忆中闪耀的感觉。

人类的举止，有一条最重要的法则。如果我们遵循这条法则，我们几乎永远不会出问题。事实上，如果遵循这条法则的话，就会给我们带来无数的朋友和无限的幸福。但是一旦违反了这条法则，我们就会惹上无尽的麻烦。这条法则就是：

学会欣赏他人的优点，并认可他人的成就。

林肯曾在一封信中这样说："人人都喜欢受人称赞。"哈佛大学心理学教授威廉·詹姆斯也说过："人类天性的本质就是渴望受人重视。"他不用"希望"、"要求"，或是"盼望"等字眼，而是用"渴望"来形容它。这足见人们对它的重视程度。

时至今日，这仍是一种亟待满足的人类需求，只有少数人懂得满足人类这种内心渴望，并借此将他人掌握在自己手中。

林肯在信中写道："我的童年是在密苏里州度过的，父亲养了几只品种优良的杜罗吉大猪和一头良种的白牛。我们多次带着猪和牛参加美国中西部一带的家畜展览，并且数次获得特等奖。父亲精心地把特等奖蓝带别在一块白色绒布条上，有机会便拿出来向人炫耀。

"猪和牛并不在乎赢来的蓝带所显示的荣誉，但父亲却不然，因为那满足了他'渴望被人重视'的欲望。"

历史上也有许多名人关于获得这种渴望的趣事。乔治·华盛顿也喜欢人家称呼他"美国总统阁下"；哥伦布请求女王赐予"海军大将"的头衔；凯瑟琳女皇拒绝接受没有注明"女皇陛下"的信件。1928年，好几个百万富翁不惜财力资助贝尔德将军到南极大陆探险，附加条件就是，那些封冻的山岭要用他们的名字命名。作家雨果甚至希望有朝一日巴黎能改名为雨果市。就连著名的戏剧家莎士比亚，也以自己的家族获得一枚象征荣誉的徽章为荣。

几千年来，哲学家一直在推测人性关系的规则，而从推测中，只导出了一条重要的箴言。这条箴言并不是创新的。梭罗亚斯特早在3000年前就把它教给拜火教徒了。孔夫子也于2500年前就在中国宣扬它了。道教始祖老子，也把它教给了他的门生。释迦牟尼于耶稣诞生前500年，在圣迦河岸宣传过它。印度教的经文典籍，在这之前1000年，就传播过它。耶稣在19世纪之前，在崎岖的巨狄亚石山上，就这样教导过他的信徒。耶稣把它归纳成一句话："己所欲，施于人。"

既然我们非常想获得别人的欣赏和认可，我们为何不慷慨点，先将赞美送给周围的人们呢？

◆ 信任架起沟通的桥梁

人与人之间的沟通能否达到一定的效果，是建立在相互之间的信任度基础之上的。单位里的每个成员之间需要共同合作携手做事，必要的信任是沟通的桥梁。

楚国有个著名的画家叫郢人，有个著名的石匠叫匠石。一天，郢人为神像着色，鼻子尖上沾了点白泥巴，连忙喊来匠石："快，把我鼻尖上这点白泥巴用利斧削去吧！"匠石点头，挥起手中的利斧。"使不得！使不得！"一位老人吓得跌跌撞撞地跑过来，拦住了匠石。又对郢人说："万一他一失手，你的鼻子可就再也长不上了！"郢人微微一笑："老先生请放心，我对我的朋友很有信心，是不会有万一的。"

说罢，郢人气定神闲地对匠石说："朋友，请吧！"匠石立刻在众人的惊呼声中胸有成竹地挥起大斧，"刷"的一道白光闪过，只见郢人鼻尖上的白泥巴已被削得一干二净，鼻子却丝毫无损。

朋友、情侣、同事、上下级，都需要相互信任，不仅要像上面的郢人一样信任对方的能力，更要信任对方的人品。

唐太宗是一代名主，他与部将尉迟恭之间的相互信任，使得他们的通力合作更加有效，并传为美谈。

隋唐时期最有名的战将之一尉迟恭，字敬德，原为宋金刚的部下，公元620年4月，宋金刚兵败逃命，尉迟恭等人被迫投降了李世民，一同投降的将领及宋金刚的部下士卒在夜间偷偷地逃走了。

这样一来，唐营里都指着尉迟恭窃窃私语。屈突通、殷开山等几人，害怕尉迟恭逃跑，为唐留下后患，就把尉迟恭捆了起来，然后跑去对李世民说："尉迟恭骁勇绝伦，天下无敌，日后必为唐之大患，必须及早除之。现我等已乘其不备把他捆了起来，听候您的发落。"

李世民闻言大惊：

"你们可知道，尉迟恭如果要叛变，他怎么可能落后于他人呢？现在他人叛而敬德留，足见尉迟敬德毫无叛心啊！"

说完，赶忙走到尉迟恭面前，亲手为其解开了绳索，并把他引到了自己的卧室，拿出一箱金子相赐，说：

"大丈夫只以意气相待，请不要为小事介怀。如果将军不愿意留在这里，这箱金子可作为路费，略表我的心意。当然，我是怎么也不会因谗害正，更不会强留不愿与我交朋友的人。"

尉迟恭听李世民如此一说，声泪俱下，立刻跪拜道：

"大王如此相待，恭非木石，岂不知感，誓为大王效死，厚赠实不敢受。"

李世民忙扶起他说：

"将军果肯屈留，金不妨受。"

尉迟恭仍旧推辞，李世民便说：

"先收下，作为以后有功时的赏赐吧。"

第二天，李世民带了500骑兵巡视战场，突然遭到王世充骑兵的包围追杀。王军人数超过万人，带队的又是大将单雄信，单是隋唐时名将，惯用长槊，紧紧地缠住李世民不放，李世民眼看就要被生擒，正在这性命攸关的紧急关头，突然一员猛将飞驰而至，冲开层层包围，把李世民从刀枪丛林中救了出来。

此人正是众人皆疑独李世民信任的尉迟敬德。

李世民回营后对敬德说：

"众将疑公必叛，我谓公无他意，相报竟这般快速么？"

再把昨夜那箱金子相赐，尉迟恭这才收下。

经此事变以后，尉迟恭几乎成了李世民的贴身侍卫，每次征战，都寸步不离。李世民好冒险，总喜欢把最勇猛的将领组成一支突击队，在敌军阵中左冲右突，以挫敌锐气或打乱敌人阵脚，每次尉迟敬德都参加了突击队。尉迟敬德也以能加入这支冒险队伍为荣，感激李世民的信任，对李世民更加忠诚，决心以死来报答李世民的知遇之恩。

唐朝统一中国之后，皇宫内部争夺皇位的斗争越来越激烈。李世民的哥哥李建成被立为太子，但他怕功劳盖世、战将如云的李世民与他争夺太子之位，便联合三弟李元吉企图刺杀李世民。

可是，李建成又十分害怕李世民的大批战将和护卫，尤其是和李世民形影不离而武功绝世的尉迟敬德。李建成深知尉迟恭是除掉李世民的最大障碍。于是他就采取了分化瓦解政策。

有一天李建成派人送给尉迟恭一车金银珠宝，尉迟恭坚决辞退：

"敬德出身微贱，久陷逆地，幸亏秦王提拔，得有今日，现欲酬报秦王知遇之恩，尚未有好机会，若取太子礼，我报恩更报不过来了……"

李建成等见金银珠宝并不能收买尉迟敬德，便又施一计，准备以北讨突厥为名，要调尉迟敬德作先锋，由李元吉带领离开长安。并决定在大军出发前，趁尉迟恭不在李世民身边时，突然行刺以便除掉李世民。

尉迟敬德在探知这一情况后，便与其他谋臣一起，劝说李世民先下手为强，李世民率先发动玄武门事变，尉迟敬德协助李世民，捕杀了李建成和李元吉，并亲手割下两人的首级，假传圣旨斥退李建成等人布置的军队，然后冒险执槊闯到李渊面前，逼迫李渊立李世民为太子。

这样李世民在尉迟敬德等人的协助下，终于顺利地登上了太子之位，不久便做了皇帝。

人们之间的相互信任可以产生巨大的力量，但若互相猜忌那么就会种下祸根。有人说现代社会出现"信任危机"，夫妻之间猜疑，兄弟姐妹也时常疑窦丛生，这给人们之间的沟通交流设置了可怕的交际障碍，甚至是情感障碍。

你只有信任别人，别人才会对你也充满信赖感，否则诚信的交流从何而来呢？

◆ 不搞小团体

所谓小团体其实就是派系斗争、"结党营私"。有人会认为如果不加入某个小团体，会受到团体之中成员的排挤，一些重要的机会总与自己无缘。在"利益"的诱惑下，人们开始自觉不自觉地滑进一些各自为营的派系。

其实，即使加入其中能获得一些利益，但也容易"一荣俱荣，一损俱损"、"树倒猢狲散"，当然更不幸的是成为他人斗争的牺牲品。

乔尼斯在某跨国传媒公司下属的一个办事处工作，和其他4名员工一起，在频道主编的带领下，努力地工作，他们负责的频道眼看着越办越好。谁也没想到，一场因为值班而引发的派系争斗悄悄降临……

一个周末，轮到乔尼斯这一组值班。一位同事头天加班，早晨晚到了一会儿。乔尼斯因为生病，也是下午才过去。不料这些都被"顺带路过"的总编看在眼里。第二天，公司里开始盛传"××频道的员工不肯值班"，好在频道主编挺身而出，替他们澄清……事情很快平息，但总编和他们的关系从此急转直下。

当别的频道还在建设中时，乔尼斯这一组已完成了所有的准备。可在例会上，总编却要求他们加班，说是"权当做给上面看，样子卖力点，也好加工资。"却遭到了频道主编的反驳：效率出工作，没必要做"秀"嘛。看得出来，总编脸上有点挂不住。

两个月后，总编总算钻到了"空子"：频道主编怀孕，开始休假。第二天，总编立马就给××频道"穿小鞋"——每天召开三刻钟会议，一开就是一星期，会议的主题只有一个：反复强调剩下的4个人要归他直接负责，××频道的内容需要全面调整。

以后，总编的小动作不断：试用期过了，乔尼斯的工资却明增暗减，公司里更在盛传××频道已经被判了"死刑"。

谣言很快变成了现实。一个月后，总编直截了当地对乔尼斯说："公司里要调整职位，你的文笔不错，应该可以找到新的工作。"很快，另外3个人也遭厄运：一个同样被辞退，总编找人传个话，就把他打发了。一个调到市场部。最后一个"独木难成林"，请了病假。人事经理事后悄悄告诉乔尼斯："你们的上司不在，谁也保不住你们。"

莫名其妙地被卷入派系斗争，又莫名其妙地成了斗争的牺牲品，这就是无辜的羔羊最冤枉的结局，一旦不小心滑进"派系"中去，就会像树那样，很自然地就分出了枝杈，最后你就像枝丫上的树叶一样被无情地扫掉。

被康熙皇帝誉为"元辅高风"的清初大臣范文程历经清太祖、太宗、世祖、圣祖四朝，官至大学士兼太子太师，在建立和巩固清王朝中屡出奇谋，是一位颇有远见的政治谋略家。其在清廷任职20多年，参与军国机密要事，极受皇帝重用。朝廷每次议政，以及草拟各种文书最后都要征求他的意见，并按他的建议进行修改删订。他谋略过人，上下左右的人都很看重他。太宗皇太极死后，权力斗争十分激烈，很多人成为皇家政治斗争的牺牲品，唯有他巧妙地避开了皇族内部的派系之争，最终得到保全。

1643年，清太宗皇太极病死，因为皇位继承问题事先没有安排，满洲皇族之间爆发了残酷的斗争，一时间杀人流血，势不两立。在这场斗争中，作为政治谋略家的范文程可以说有举足轻重的分量，但是出于保身的目的，他始终保持清醒头脑没有向任何一方倾斜，并且在任何一方向他请教斗争策略时，他都以臣是朝廷之臣，只为朝廷尽忠，立君乃皇上家事，臣下不便干预为理由，巧妙地回避了，没有得罪任何人。

实际上这很智慧，是智者的选择，高情商的做法。如果你没有能力去参与这场竞争，在上司的眼里，不论哪一方，你也只是他们利用的工具。假如你一旦站错了队，后果是不堪设想的；相反，如果你保持中立不偏袒任何一方，当他们的竞争结束后，你照样可以获得他们的信任。所以，你没必要为没有把握的未来去冒险，而这时候，最为明智的做法就是不轻易表态。

古今一理，虽然说职场不是官场，现在不比往昔，但在领导与领导之间保持平衡，范文程的处世观不能不说有很多可借鉴的地方。

办公室是最容易滋生派系斗争的温床，无论对老板还是员工来说，办公室的派系之争都是一种挑战。许多职员认为，能否成为派系中的一员，对其职业生涯有着不可低估的影响。这种看法在一定程度上是正确的。的确，如果因为被一个派系排除在外而无法得到最好的工作任务，这无疑是很挫伤积极性的。反之，因为一些你并不认为特别值得的朋友而被否定同样也令人感到难堪。

加入一个业已形成的小圈子是很困难的，但并非完全不可行。首先，你应该建立并且流露出自信。你可以邀请派系的主要成员吃午餐，偶尔和他们一起去酒吧或咖啡馆。然后，去找你的老板，要求与派系中的成员从事一个项目。但是请务必记住，不要表现得太急不可耐，太爱出风头，否则你会一无所有。

而如果这个派系欺负作为局外人的你，你就要尽可能地用平缓的语气把这个问题反映到老板那里。详细阐述派系对工作造成的不利影响，千万不要以一种受害人的姿态来描绘你的职业和工作，如果你提到自己在感情上受到的伤害，那么，你在老板心目中的地位将受到削弱。

如果你已经身为派系的一员，并感受到自己的工作表现因此而受到了影响，那么与之保持距离将是十分重要的。工作之余，限制自己的社交活动，例如与其他同事共进午餐，为派系之外的人提供帮助。切忌在办公室里高谈阔论你的周末是如何与他们共度的。

只要你成为群体的一分子，派系斗争就往往是一种常态，如果你闭上眼睛漠视这种存在，就如同关上电视拒看台风来袭般的不明智，因为你迟早会被卷入其中。事情的真相是：一批贪婪、神经质、以自我为中心，除此而外一切都很正常的人们凑合在一起，试图要完成什么的时候，钩心斗角便是不可避免的。你面临的挑战是找到一个方法，游刃有余地控制。学会加入，懂得离去是你最有效的存活手段。

◆ 弯曲是一种境界

老子在《道德经》七十八章中有这么一句话："天下莫柔弱于水，而攻坚强者，莫之能胜，以其无以易之。"

学会弯曲是做人的一种境界，是高情商的象征。

弯曲不是软弱，而是坚韧，富有弹性，因而在面对强手时不会被对方摧垮，而是主动地避其锋芒,在对手扑空没来得及反应的时候,则已经攻到了对方要害。

学会弯曲是获取成功的必要手段。人生之路,取得成功的机会有很多,成功之门往往就在你的面前,但有些人就因为成功之门没有他想象中的那样雄伟有气势,就放弃了,甚至不屑一顾。其实,只要稍微地弯下身来,成功也许唾手可得。

孟买佛学院是印度最著名的佛学院之一,这所佛学院的特点是建院历史悠久,拥有灿烂辉煌的建筑,还培养出了许多著名的学者。还有一个特点是其他佛学院所没有的,这是一个极其微小的细节,但是,所有进入过这里的人,当他再出来的时候,几乎无一例外地承认,正是这个细节使他们顿悟,正是这个细节让他们受益无穷。

这是一个很简单的细节,只是人们都没有在意:孟买佛学院在它的正门一侧,又开了一个小门,这个小门只有1.5米高、0.4米宽,一个成年人要想过去必须学会弯腰侧身,不然就只能碰壁了。

这正是孟买佛学院给它的学生上的第一堂课。所有新来的人,教师都会引导他到这个小门旁,让他进出一次。很显然,所有的人都是弯腰侧身进出的,尽管有失礼仪和风度,但是却达到了目的。教师说,大门当然出入方便,而且能够让一个人很体面很有风度地出入。但是,有很多时候,人们要出入的地方,并不是都有着壮观的大门,或者,有大门也不是随便可以出入的。这个时候,只有学会了弯腰和侧身的人,只有暂时放下尊贵和虚荣的人,才能够出入。否则,有很多时候,你就只能被挡在院墙之外了。

孟买佛学院的教师告诉他们的学生,佛家的哲学就在这个小门里。其实,人生的哲学何尝不在这个小门里。人生之路,尤其是通向成功的路上,几乎是没有宽阔的大门的,所有的门都是需要弯腰侧身才可以进去。

人们也常说"以柔克刚","太刚易折",的确如此,为人处世、说话办事均如此。含蓄、弯曲的表达更为人们所接受,没有人喜爱太过直接的建议、批评等。

在人际交往中,直言直语是一把伤人又伤己的双面利刃,如果给别人提意见,我们可以采取一种婉转的方法,避免伤害他人。

王飞是一家公司的中级职员,他的心地是公认的"好",可是一直升不了职;和他同年龄、同时进公司的同事不是外调独当一面,就是成了他的顶头上司。另外，别人虽然都称赞他"好"，但他的朋友并不多，不但下了班没有"应酬"，在公司里也常独来独往，好像不太受欢迎的样子……

其实王飞的能力并不差，也拥有相当好的观察、分析能力，问题只是出自于他说话太直了，总是直言直语，不加修饰，于是直接、间接地影响了他的人际关系。

"直言直语"是人性中一种很可敬、很值得大家珍惜的特质，因为唯有这种直言直语的人，才能让是非得以分明，让正义邪恶得以分明，让美和丑得以分明，让人的优缺点得以分明。

但是，即使是直言直语，还是委婉一点地表达自己的意愿会比较好。这样也是为了便于让他人接受我们的想法，而含蓄则是让他们先从态度上接受我们。

燕昭王初登王位的时候，燕国到处残破不堪，他立志要使燕国强大起来。燕昭王深知，要使国家由弱变强，第一步就是要有真正具备治国能力的贤能之士参与国政。可燕国一片凋零景象，贤能之士怎会聚集于此呢？他思贤若渴，亲自登门向大臣郭隗请教招贤纳才的方法。他对郭隗说道："我整天想的就是怎样能使燕国迅速强大起来，可又有谁能帮助我使国家强盛起来呢？请您一定要替我出个主意，怎样才能使天下贤能之士都汇集到燕国来呢？"

郭隗说："陛下先听我讲一个故事。从前有一个国君，特别喜欢千里马，他悬赏了千金购置千里马，可是一直等了三年，一匹千里马也没有买着。国君的一位门客就对国君说：'请国君将此事交付于我吧。我一定能圆满完成任务。'国君当然高兴，将千金交付门客，由他去买马。不久，那位门客便兴冲冲地赶回来，报告国君说，仅花了五百金就买了一匹千里马。国君大喜过望，忙令牵过来看。谁知一看不要紧，国君勃然大怒，原来门客买回的是一匹千里马的骨骸。国君指着门客的鼻子大骂，说道：'我要的是活千里马。你给我搞来一匹死的有什么用？'一定要严惩这位门客。可门客却不慌不忙地对国君说：'请君王息怒。依我看，世上人们只要知道陛下用五百金买下一匹千里马的骨骸，那么，如果世上真有千里马的话，就一定会有人主动来献给陛下的。'果然，国君用五百金购买死千里马的消息传开之后，不到一天，便有人主动登门，献给国君三匹千里马。那位国君终于遂了自己的心愿……"

燕昭王似有所悟，对郭隗说道："你的意思是……"

郭隗说："如果陛下真想得到天下的贤能之士，那就请将我郭隗当成那匹死马的骨骸吧。天下之人看到像我郭隗这样没有什么真才实学的人都能够得到陛下的重用，那些贤能之人肯定会纷纷投奔燕国的。"

燕昭王下令给郭隗建造一座十分精美的住宅，并且以师长之礼待他。另外，燕昭王还下令在国都内修建了一座高台，上面堆满了黄金，称之为"黄金台"，作为招求贤士的奖赏。

燕昭王诚招天下贤士的消息传开之后，各地人才纷纷涌进燕国。不到3年，越国的剧辛、洛阳的苏秦、齐国的邹衍、魏国的乐毅等都来到了燕国。正是依靠这些人，燕昭王实现了富国强兵的愿望。

郭隗在春秋战国人才辈出的时期，不能算是才能卓著的，但在劝燕昭王纳贤这件事上却做得很高明，不仅为燕国招来了许多贤才，为自己谋得了荣华富贵，并且因此而青史留名。

在风中，小草容易弯曲，参天大树则巍然挺立，不摆不动。但是一阵狂风可以把大树连根拔起，可是，不管风有多大，也不能把在狂风面前弯曲在地的小草连根拔起。能屈能伸是高情商者的超人之处，情绪的控制并非是对逆境永远的坚贞不屈。屈者，比坚者有更大的柔韧性，因而也更易生存下来。

有人说："一个不成熟的男人是要为他的理想（事业）悲壮地死去，而一个成熟的男人则会为他的梦想卑贱地活着"，这其实就是关于弯曲的哲学。

学会弯曲吧，为自己争取多一点的生存空间，也为成功争取到多一点的机会。

◆ 真心关心你的同事

关怀别人是我们为人处世中一个不可或缺的因素。然而环顾我们的周围，有多少人一生中只知道一味要求别人的关怀与爱，而不知给予别人关怀与爱。当然，这些人到头来终究无法遂愿。

如果你不先付出对别人的关怀，别人又怎么能关怀你呢？

同样生活在一个单位，同事之间除了正当的竞争关系外，多一份发自内心的关怀一定会让人感激涕零。

只要我们肯表现出真正的关心与爱戴，即使最忙碌的人，也会忙里抽空，帮我们解决问题。

任何一个人，屠夫也好，国王也好，谁都喜欢受到别人的推崇、爱戴。

第一次世界大战结束后，德国威廉二世因惨遭战败而受到举国上下的厌恶、唾弃。正当他万念俱灰，意欲逃亡荷兰时，却收到了一名少年的来信，少年在信中表示："不论他人作何想法，我永远敬爱你的伟大。"威廉感动之余，忙发函要求与此少年亲见一面，并因而娶了该少年的母亲为妻。

有一个深谙此道理的人，常常"设法"关怀别人。他一直想查出一些好友的生日，为了不被对方觉察他的动机，他经常都是拿占星术做幌子，装着要替对方算命，以套出其生日，并趁对方不注意时，将其生日记在笔记本上，回家后再记录到另一个本子上。随后他每年都按着日期，给朋友寄上贺卡或发去电报，这种关怀常常使朋友们感激不已。

早在耶稣基督诞生前 100 年，就曾有一名罗马诗人说过："只有付出我们的关怀，别人才有可能反过来关怀我们。"

黄牛看见狐狸在树下呜呜地哭，问他为什么悲伤。

狐狸抹一把眼泪，说："人家都有三朋四友，唯独我孤零零的，心里难受哇……"

黄牛问："花猫不是你的朋友吗？"

狐狸叹口气，说："花猫与我交友一载，没请过我一次客，这算什么朋友？我早跟他散伙了。"

黄牛问："山羊不是你的朋友吗？"

狐狸摇摇头，说："山羊与我结拜半年，从未给过我一分钱的好处，还有啥朋友味？我早跟他断绝往来了。"

黄牛长叹了一声，问："听说你曾经跟大黑猪的关系还可以？"

狐狸气得直跺脚，说："我早把他给踢了，你想想，大黑猪能帮我什么忙？当初我根本就不该认识那个蠢家伙。"

黄牛戏谑地一笑，调侃地说："狐狸先生，我送你一样东西吧。"

狐狸眼睛一亮，心想这下可以讨到便宜了，立即止住哭，问道："什么东西？"

黄牛扭过头，扔下一句"贪鬼"，说完头也不回地走了。

我国著名翻译家傅雷说过这样的话："一个人只要真诚，总能打动人，即使人家一时不了解，日后也会了解的。我一生做事，总是第一坦白，第二坦白，第三还是坦白。绕圈子、躲躲闪闪，反易叫人疑心。你要手段，倒不如光明正大，实话实说，只要态度诚恳、谦卑恭敬，无论如何人家都不会对你怎么样的。"

曾经有一个富翁假装生病住进了医院。过了几天，他痛苦地向医生倾诉："很多人都来医院看我。但我看得出，我的亲人们是为分我的遗产而来的；与我有往来的那些朋友，不过是当成一种例行的应酬罢了；还有几个平素与我不和睦的人，我想他们是听到我病重的消息，来看热闹的……"

医生反问道："为什么你总是苦于测试别人对你是否真诚，而从来不测试自己是否对别人真诚呢？"

富翁哑然无语。

哈佛大学校长查尔斯·伊里特博士之所以能成为一名杰出的大学校长，也是因为他无限地对别人关怀。

一天，一个名叫克兰顿的大学生到校长室申请一笔学生贷款，被批准了，他万分感激地向伊里特道谢。

正要退出时，伊里特说："有时间吗？请再坐一会儿。"

接着，学生十分惊奇地听到校长说："你在自己的房间里亲手做饭吃，是吗？我上大学时也做过。我做过牛肉咖喱饭，你做过没有？要是煮得很烂，这可是一道很好吃的菜呢！"接下去他又详细地告诉学生怎样挑选牛肉、怎样用火煮、怎样切碎等，并告诉他要放冷了再吃。"你吃的东西必须有足够的分量。"校长最后说。

真诚地关爱他人，有如将阳光带给他人，尤其是当他人正处于生活困境的时候。

真诚的关爱能给人温暖和希望，有时甚至帮助他人建立自信。

有一个公司的管理者，每月都在员工薪水袋中放入自己亲笔所写的慰劳便条。因为常出差，所以他很少有机会和职员相处，于是就想用这种方法作为沟通的手段。

"这个月时常加班，辛苦你了，因为你的努力，才会有如此好的成绩，假日时请在家中好好休养。"

"听说你的儿子获得了少年体操比赛的好名次，真是了不起的孩子，一定会有出息的。"

在薪水袋中增加这样的留言，职员会怎么想呢？肯定会感激："啊！老板总是那么关心我的事情呢！"

这种与人交往中的真诚关怀，会衍生出良好的人际关系，产生强大的力量，这种力量能为我们带来成功与幸福。

第9章

情商与影响力

第1节　情商是巨大的影响力

◆ 情商决定你的命运

美国前总统比尔·克林顿小时候智商很高，小学的时候就一直品学兼优，但是他并没有注意培养自己的情商。有一次学校把成绩单拿回来了，克林顿各项成绩都是A，也就是优秀，但是有一项成绩不是A，是D，哪一科呢？行为。为什么行为是D，老师是这样解释的：每次老师提问，比尔都会抢着回答，他智商高嘛，但是这样抢着回答，没给其他同学机会。给他打D这个分，就是提醒他一下，今后要注意改进。"给别人机会"，这已经超出了智商的范畴，只有情商高的人才懂得。

克林顿吸取了教训，当总统后，他提出了给一个人最高的奖赏是给一把钥匙，一把什么钥匙？开启未来成功大门的钥匙。这个钥匙是什么呢？奖学金。这就是给别人一个机会。克林顿这种高情商和高智商的结合，非常聪明。

情绪控制的能力，也就是情商，包括如何激励自己愈挫愈勇；如何克制冲动，延迟满足；如何调适情绪，避免因过度沮丧影响思考能力；如何设身处地为人着想，对未来永远充满希望。

在人们越来越相信"智商决定你能否被录用，而情商则决定你能否被提升"的时候，情商已然成为我们生命的主宰。

中国三国时期的智者诸葛亮率领大军北伐曹魏时，迎战的魏国大将司马懿虽然也是三国时代的名将，可是面对诸葛亮灵活的战术常常觉得无计可施。吃了几次苦头后，干脆就闭城休战，采取不理不睬的态度来对付诸葛亮。因为他认定诸葛亮远道来袭，后援补给都很不方便，只要拖延时日，消耗蜀军的粮草，最后一定可以把握良机，反败为胜。

果然，诸葛亮耐不住他的沉默战法，好几次派兵到城下骂阵，企图激怒魏兵，引诱司马懿出城决战，但魏兵在司马懿的控制下，一直闷声不响。所以，诸葛亮就想出了一着"激将法"，派人送司马懿一件女人的衣裳，并附上一封信说："如果你不敢出城应战，就穿上这件衣裳，我们也就回去了。如果你是一个知耻的勇士，希望你堂堂正正地列阵决战。"

这封充满轻视的侮辱信，果然在曹魏的军营里激起很大的反应，那些年少气盛的部将纷纷向司马懿说："士可杀不可辱，像这种欺人太甚的信公然送来，如果我们一味地沉默，未免太懦弱了。我们希望你赶快下令，出城和蜀军决一生死。"

司马懿虽然也被激怒了，但他毕竟老谋深算，知道蜀军人人怀着建功的心愿而来，斗志昂扬，在没有力竭以前，绝不好缠，所以在紧要关头，仍把心中的怒气压抑下来，讲了许多精神鼓励的话，把自己的军心稳住，终于没有让诸葛亮的计谋得逞。

就这样又坚持了数月，诸葛亮病逝军中，此时蜀军群龙无首，很快就分崩离析。

司马懿没有逞一时之勇，终于赢得最后的胜利，是其控制情绪的结果。如果他也如部下一样感到"士可杀不可辱"，那么势必会在一种不理智的情绪下混战一场，结局也可想而知。

许多当年在班里学习成绩并不是名列前茅的人，后来却比前几名取得了更大的成就，这样的人大有人在。于是当年的同学、老师都纳闷为何他们会取得成功。

其实是情商在引领他们走向卓越，超越平庸。智商对于绝大多数的人来说是差不多的，而后天的情商教育与情商培养可以改变我们的生命轨迹。

当你信任情商的力量时，情商就会带给你意想不到的奇迹。

◆ 高情商的人能更好地面对困境

高情商的人与低情商的人相比较，并不是高情商的人不会失败，或者说没有遇到人生的困境，而是他们与情商不高的人，在面对苦难时所表现出的态度和勇气不同。

情商高的人在遇到巨大的苦难和挫折时也会悲伤、失望，甚至绝望，但他们最可贵的地方在于能从灰暗的岁月中走出来。

1864年9月3日这天，寂静的斯德哥尔摩市郊，突然爆发出一声震耳欲聋的巨响，滚滚的浓烟霎时冲上天空，一股股火焰直往上蹿。仅仅几分钟时间，一场惨祸发生了。当惊恐的人们赶到现场时，只见原来屹立在这里的一座工厂只剩下残垣断壁，火场旁边，站着一位30多岁的年轻人，突如其来的惨祸和过分的刺激，已使他面无人色，浑身不住地颤抖着……

这个大难不死的青年，就是后来闻名于世的弗莱德·诺贝尔。诺贝尔眼睁睁地看着自己所创建的硝化甘油炸药实验工厂化为了灰烬。人们从瓦砾中找出了5具尸体，4人是他的亲密助手，而另一个是他还在大学读书的小弟弟。5具烧得焦烂的尸体，令人惨不忍睹。诺贝尔的母亲得知小儿子惨死的噩耗，悲痛欲绝；年迈的父亲因受刺激而引起脑溢血，从此半身瘫痪。然而，诺贝尔在失败面前却没有动摇。

事情发生后，警察局立即封锁了爆炸现场，并严禁诺贝尔重建自己的工厂。人们像躲避瘟神一样地避开他，再也没有人愿意出租土地让他进行如此危险的实验。但是，困境并没有使诺贝尔退缩。几天以后，人们发现在远离市区的马拉仑湖上，出现了一只巨大的平底轮船，轮船上并没有装什么货物，而是装满了各种设备，一个年轻人正全神贯注地进行实验。毋庸置疑，他正是在爆炸中死里逃生，被当地居民赶走了的诺贝尔！

无畏的勇气往往令死神也望而却步。在令人心惊胆战的实验室里，诺贝尔依然持之以恒地行动，他从没放弃过自己的梦想。

皇天不负有心人，他终于发明了雷管。雷管的发明是爆炸学上的一项重大突破，随着当时许多欧洲国家工业化进程的加快，开矿山、修铁路、凿隧道、挖运河等都需要炸药。于是，人们又开始亲近诺贝尔了。他把实验室从船上搬迁到斯德哥尔摩附近的温尔维特，正式建立了第一座硝化甘油工厂。接着，他又在德国的汉堡等地建立了炸药公司。一时间，诺贝尔的炸药成了抢手货，诺贝尔的财富与日俱增。

有人说"好事多磨"，的确如此，初试成功的诺贝尔，好像总是与痛苦的不幸相伴。毁灭性的消息接连不断地传来。在旧金山，运载炸药的火车因震荡发生爆炸，火车被炸得七零八落；德国一家著名工厂因搬运硝化甘油时发生碰撞而爆炸，整个工厂和附近的民房变成了一片废墟；在巴拿马，一艘满载着硝化甘油的轮船，在大西洋的航行途中，因颠簸引起爆炸，整个轮船葬身大海……

一连串骇人听闻的消息，再次使人们对诺贝尔望而生畏，甚至把他当成瘟神和灾星。随着消息的广泛传播，他被全世界的人所诅咒。

诺贝尔又一次被人们抛弃了，不，应该说是全世界的人都把自己应该承担的那份灾难给了他一个人。面对接踵而至的灾难和困境，诺贝尔不是没有怀疑过，只是他内心的巨大信念让他没有一蹶不振，他身上所具有的毅力和恒心，使他面对困境的人生义无反顾，永不退缩。在奋斗的路上，他已经习惯了与困境朝夕相伴。

大无畏的勇气和矢志不渝的恒心最终激发了他心中的潜能，他最终征服了炸药，吓退了死神。诺贝尔赢得了巨大的成功，他一生共获专利发明权355项。他用自己的巨额财富创立的诺贝尔奖，被国际学术界视为一种崇高的荣誉。

应该说每一个成功的人本身就是一部伟大的励志书，因为没有任何一个人天生就是上帝的宠儿。没有一帆风顺的人生，只有不断战胜苦难的人，才能寻找到成功之门的钥匙。

海明威说："人只能被消灭，但不能被打败！"

乔妮·埃里克森就是这么一位不平凡的人，她用自己的经历向人们展示了战胜苦难的坚强意志。

1967年夏天,美国跳水运动员乔妮·埃里克森在一次跳水事故中身负重伤。除了脖子之外,全身瘫痪。

乔妮哭了,她躺在病床上辗转反侧。她怎么也摆脱不了那场噩梦,为什么跳板会滑?为什么她会恰好在那时跳下?不论家里人和亲友们如何安慰她,她总认为命运对她实在不公平。出院后,她叫家人把她推到跳水池旁。她注视着那蓝盈盈的水波,仰望那高高的跳台。她再也不能站立在那洁白的跳板上了,那蓝盈盈的水波再也不会溅起朵朵美丽的水花拥抱她了。她又掩面哭了起来。从此她被迫结束了自己的跳水生涯,离开了那条通向跳水冠军领奖台的路。

她曾经绝望过。但现在,她拒绝了死神的召唤,开始冷静思索人生的意义和生命的价值。

她借来许多介绍前人如何成才的书籍,一本一本认真地读了起来。

她虽然双目健全,但读书也是很艰难的,只能靠嘴衔根小竹片去翻书,劳累、伤痛常常迫使她停下来。休息片刻后,她又坚持读下去。通过大量的阅读,她终于领悟到:我不可否认已经瘫痪了,我将告别跳水台,而且是永远!但人生就是要接受一些无法改变的事,并且我还可以做点别的。因为有许多人即使身体受到了巨大的摧残,却在另外一条道路上获得了成功,他们有的成了作家,有的创造了盲文,有的创造出美妙的音乐,我为什么不能?于是,她想到了自己中学时代曾喜欢画画。为什么不能在画画上有所成就呢?这位纤弱的姑娘变得坚强起来了,变得自信起来了。她捡起了中学时代曾经用过的画笔,用嘴衔着,开始练习画画。

这是一个多么艰辛的过程啊,用嘴画画,她的家人连听也未曾听说过。

他们怕她不成功而伤心,纷纷劝阻她:"乔妮,别那么死心眼了,哪有用嘴画画的,我们会养活你的。"可是,他们的话反而激起了她学画的决心,"我怎么能让家人一辈子养活我呢?"她更加刻苦了,常常累得头晕目眩,汗水把双眼弄得很痛,甚至有时委屈的泪水把画纸也淋湿了。为了积累素材,她还常常乘车外出,拜访艺术大师。

好些年头过去了,她的辛勤劳动没有白费,她的一幅风景油画在一次画展上展出后得到了美术界的好评。

不知为什么,乔妮又想到要学文学。她的家人及朋友们又劝她说:"乔妮,你绘画已经很不错了,还学什么文学,那会更苦了你自己的。"她是那么倔强、自信,她没有说话,她想起一家刊物曾向她约稿,要她谈谈自己学绘画的经过和感受，她用了很大力气，可稿子还是没有写成，这件事对她刺激太大了，她深感自己写作水平差，必须一步一步来。这是一条充满荆棘的路，可是她仿佛看到艺术的桂冠在前面熠熠闪光，等待她去摘取。

是的，这是一个很美的梦，乔妮要圆这个梦。又经过许多艰辛的岁月，这个美丽的梦终于成了现实。1976 年，她的自传《乔妮》出版了，轰动了文坛，她收到了数以万计热情洋溢的信。两年又过去了，她的《再前进一步》一书又问世了，该书以作者的亲身经历告诉残疾人，应该怎样战胜病痛，立志成才。后来，这本书被搬上了银幕，影片的主角就是由她自己扮演，她成了青年们的偶像，成了千千万万个青年自强不息、勇于战胜困境的榜样。

不错，挫折与苦难随时会找上我们任何一个人，我们不要害怕被打倒、打败，而是把它们当成激励前进的动力，面对困境时需要巨大的勇气，有这种直面人生苦难的勇气，才有超越苦难，迈向成功的魄力。

◆ 高情商的人才能更受欢迎

绝大多数的人会认为人际关系是令他们头痛的麻烦事儿，奇怪的是你越觉得它讨厌，你就越不容易搞好它。于是，我们会羡慕一些总受人们喜欢的人，不知他们的成功秘诀在哪儿。其实，差别就在于情商的高低。

高情商者不仅会受到他人的喜爱，更易得到别人的帮助，因为他们很受众人的欢迎。

卡耐基告诉我们：成功 =15% 的专业知识 +85% 的为人处世的技能。当然也有人会说是 80% 的人际关系，但无论是哪个数据，都只是为了说明人脉的重要。因为一个不受欢迎的人是无法迎接成功的拥抱的。

斯巴达克斯是个奴隶，因为不堪忍受奴隶主惨无人道的压迫，率领奴隶起义，得到成千上万奴隶的响应。后来，起义失败，许多奴隶被俘虏。一位以胜利者自居的将军指着背后的十字架，趾高气扬地说："谁指认出斯巴达克斯，我就可以免除他一死。"沉默了良久，一位奴隶站了出来，说："我就是斯巴达克斯！"在这位将军还没有反应过来的时候，又有一个奴隶站了起来说："我是斯巴达克斯！"紧接着，一大片奴隶都站了起来，大声说道："我就是斯巴达克斯！"洪亮的响声回响在大地和白云之间。

是什么力量让奴隶宁肯去死，也不愿意说出真正的斯巴达克斯？因为他们有一个强烈的共同愿望：不自由，毋宁死！斯巴达克斯受他人的欢迎与热爱、敬重，使他们心中形成一个伟大的友谊，他们愿意为了这个友谊付出自己的生命。

美国富兰克林总统年轻的时候，他把所有的积蓄，都投资在一家小印刷厂里。他很想获得为议会印文件的工作，可是出现了一个不利的情况。议会中有一个极有钱又能干的议员，却非常不喜欢富兰克林，还公开斥骂他。这种情形非常危险，因此，富兰克林决心使对方喜欢他。

富兰克林听说这个议员的图书馆里有一本非常稀奇而特殊的书，于是他就写一封信笺给这位议员，表示自己想一睹为快，请求他把那本书借给自己几天，好让他仔细阅读。这位议员马上叫人把那本书送来。过了大约一星期的时间，富兰克林把书还给那位议员，并还附上一封信，强烈表达了自己的谢意。

于是，下次当他们在议会里相遇时，那位议员居然主动跟富兰克林打招呼，并且极为有礼。自此以后，这位议员对富兰克林的事非常乐于帮忙，他们变成了很好的朋友，一直到去世为止。

富兰克林的故事在向我们展示一个高情商者的魅力。

俗语说："交一个朋友比得罪一个人强。"这话有一定道理。因为一百个朋友不算多，而冤家只要一个就很多了。所以，你千万不要以为自己万事不求人。事实上世界上真正万事不求人的是不存在的，有道是"谁家也没挂着无事牌"，一旦等到有了事，平时不烧香，再临时抱佛脚，恐怕佛爷就难免要置之不理。因此平时就要做一个广受他人欢迎的人，才会有人在你遇到困难时伸出援助之手。否则，别指望他人的帮助，别人不对你落井下石已属厚待了。

秦穆公有一个最大的爱好就是喜欢马。有一次穆公最喜爱的一匹马跑丢了，不久有人报告说这匹马在岐山之下被"野人"捉住。穆公知道后，就兴冲冲地到岐山之下去找马。结果穆公最喜爱的马已经被这伙"野人"当美餐吃掉了！见到这种场面，穆公心如刀割。但是，他虽然十分气愤，却说出了一句令人意外的话来：

"吃马肉不喝酒会伤身体的，快给他们拿点酒来！"于是派人抬来几大桶酒给"野人"助餐。

太棒了！真是个好国王！

不难想象，围着篝火又吃又喝的一群"野人"那种手舞足蹈的高兴劲儿，大家尽兴而散。

一年以后，秦穆公率军队同晋国军队打仗。晋军人数很多，一时将秦穆公围在韩原（今陕西境内），眼看就要将秦穆公活捉。正在危险之际，忽然从晋军后面冲出一股生力军，一下子把晋军打得七零八落，使穆公得救。待解围后，穆公才得知，这支生力军不是秦国的正规部队，而是去年分食马肉的岐山下的"野人"。这些人因得到穆公的恩赐，念念不忘他的好处，刚刚听到他有难，就赶来解围。这就是"行德爱人则民亲其上，民亲其上则皆为其君死矣"。

秦穆公脱险归根到底是由于一年以前的一个恩惠，从这个故事中我们了解了他的情商之高。对于一个国王来说，自己心爱的马被"野人"所食，一般人肯定会控制不了情绪，把"野人"杀个痛快，但若如此又会给秦穆公带来什么呢？难道能换回他的良驹吗？显然不能。所以说情商的高低决定一个人所思所为的差异，而这一切都将决定了你给他人留下怎样的形象。

第2节　卓越情商成就卓越人生

◆ 自知之明可避过祸害

历史上有许多成功的人物，也有许多失败的角色，对于我们的工作、生活无一不有借鉴意义。自知之明是对自己处境、身份的清醒认识，也是避免失误的一种能力。

清代中兴名臣曾国藩最懂参悟保身之道。

攻下金陵之后，曾氏兄弟的声望，可说是如日中天，达于极盛。曾国藩被封为一等侯爵，曾国荃被封为一等伯爵，所有湘军大小将军及有功人员，莫不论功封赏。

当时湘军中官居督抚位子的便有十八人，长江流域的水师，全在湘军控制之下，曾国藩所保奏的人物，无不得到封赏。

但树大招风，朝廷的猜忌与朝臣的妒忌随之而来。曾国藩说：

"长江三千里，几无一船不张鄙之旗帜，外间疑敝处兵权过重，权力过大，盖谓四省厘金，络绎输道，各处兵将，一呼百诺，其相疑者良非无因。"

颇有心计的曾国藩应对从容，马上就采取了一个裁军之计。他在战事尚未结束之际，即计划裁撤湘军。他在两江总督任内，便已拼命筹钱，两年之间，已筹到550万两白银。钱筹好了，办法拟好了，战事一结束，便即宣告裁兵。不要朝廷一文，裁兵费早已筹妥了。

同治三年六月清军攻下太平天国天京即现南京，取得胜利，七月初就开始裁兵，一月之间便裁去25000人，随后亦略有裁遣。

常常会有从政的人说为官就学曾国藩，足见曾国藩的智慧对后世的影响。他曾告诫他的子孙，当你达到顶峰时尤需谨慎。

春秋时的范蠡也是一位清醒认识自己身份的人，他了解自知之明能够让祸害远离他。

越王勾践平定吴国以后，引兵北上，与齐国、晋国会盟徐州，并且得到周平王的封赏，一时号称霸王。

范蠡虽然是越国的上将军，辅佐越王勾践前后20余年，为勾践的雪耻复国屡建奇功，越国百姓对他又十分崇敬，可是他仍然心事重重。

一天，大夫文种问他：

"眼下越国威震天下，号称霸王，你我官至上卿，功名盖世，你为何闷闷不乐？"

"你哪里知道！"范蠡苦笑着说，"俗语道'飞鸟尽，良弓藏；狡兔死，走狗烹'。勾践这个人是长颈鸟喙，只可与他共患难，不能与他共安乐……大名之下，难于久居！我已决定离开勾践，你也该想想出路……"

"恐怕你是庸人自扰吧？哈哈哈……"

大夫文种对范蠡的忧虑毫不在意，说笑了一阵便走开了。

第二日，范蠡给越王勾践送上一份辞呈，说：

"臣闻主忧臣劳，主辱臣死。昔者君王受辱于会稽，臣所以不死，为的是复仇雪耻。今日君王已经达到目的，臣请君王赐死……"

勾践读罢辞呈，气恼地说：

"难道范蠡不相信寡人？我打算将越国分一半给他，他若是真生疑心，我真要加诛于他。"

范蠡心知勾践对自己并非真心实意，早晚要加罪于他。于是偷偷带上宝物珠玉，与心腹亲信乘船从海路逃走了……

范蠡在齐国海边落脚之后，改名换姓，耕种滩涂，劳身苦作，治理产业。几年工夫就成了当地的首富。

齐国大夫听说他的贤名和才能，派人请他去做齐国的相国，可是他谢绝了。范蠡喟然长叹道：

"居家则致千金，居官则至卿相，此乃布衣之极也。久受尊名不祥……"

范蠡不去当相国，深知不便在此处久居，于是，他又把家财分给朋友、乡亲，只带些值钱的珠宝，迁移到陶地，自称为陶朱公。不久，他又成为当地的富豪，家资巨万，远近闻名。

自从范蠡不辞而别以后，大夫文种很觉孤单，又见勾践日夜享乐，不像从前那样敬重自己，有点心灰意懒，常常称病不朝。于是有人向勾践进谗言说：

"大夫文种自恃有功，倨傲不朝，背地里勾结私党，企图叛乱……"

越王勾践把一把宝剑赐给文种，命令道：

"你教寡人七种计谋征服吴国，寡人只用了其中三种就打败了吴国。还有四种计谋留在你那儿，我命令你去替我死去的先王谋划吧……"

大夫文种悔恨地说：

"这都怪我不听范蠡的劝告啊……"

言毕，愤然自尽了。

自知之明是一种智慧，更是情商中的"自我认知能力"。无论是曾国藩还是范蠡都是清醒的人。他们十分清楚自己的处境，所以才能躲过祸害，得以保全身家性命。

◆ 靠出色的自制能力成就自己

自制能力是情商最重要的内容之一，有没有出色的自制力对一个人的命运有着巨大的影响。

一个商人因为业务发展的需要，决定招聘一个小伙计。

他在商店里的窗户上，贴了一张独特的广告："招聘：一个能自我克制的男士。每星期4美元，合适者可以拿6美元。"

"自我克制"这个术语引起了议论，这有点不平常。这引起了小伙子们的思考，也引起了父母们的思考,自然引来了众多求职者。

每个求职者都要经过一个特别的考试。

"能阅读吗?孩子。"

"能,先生。"

"你能读一读这一段吗?"他把一张报纸放在小伙子的面前。

"可以,先生。"

"你能一刻不停顿地朗读吗?"

"可以,先生。"

"很好,跟我来。"商人把他带到他的私人办公室,然后把门关上。

他把这张报纸送到小伙子手上,上面印着他答应不停顿地读完的那一段文字。阅读刚一开始,商人就放出6只可爱的小狗,小狗跑到小伙子的脚边。这太过分了,小伙子经受不住诱惑要看看美丽的小狗。由于视线离开了阅读材料,小伙子忘记了自己的角色,读错了。当然,他失去了这次机会。

就这样,商人打发了70个男孩。终于,有个男孩不受诱惑一口气读完了。商人很高兴。他们之间有这样一段对话:

商人问:"你在读书的时候,没有注意到你脚边的小狗吗?"

男孩回答道:"对,先生。"

"我想你应该知道它们的存在,对吗?"

"对,先生。"

"那么,为什么你不看一看它们?"

"因为我告诉过你,我要不停顿地读完这一段。"

"你总是遵守你的诺言吗?"

"的确是,我总是努力地去做,先生。"

商人在办公室里走着,突然高兴地说道:"你就是我要的人。明早7点钟来,你每周的工资是6美元。我相信你大有发展前途。"

后来,男孩的最终发展的确如商人所说,若干年后,男孩成了一个有着良好口碑的律师。

说到自制力就不能不提到历史上一个著名的人物康熙,中国人善"忍",这个"忍"其实是情商中的自控能力,而不是懦弱与忍气吞声。

根据祖宗的惯例,康熙满14岁那年举行了亲政大典,可是亲政后的康熙帝,仍然没有实权,鳌拜继续大权独揽。皇帝与权臣之间的矛盾,终于在如何对待苏克萨哈的问题上公开化了。

苏克萨哈是顺治皇帝临终时指定的四位顾命大臣之一,一向为鳌拜所妒忌。在一次朝会上,鳌拜对康熙大帝说:

"苏克萨哈心怀不轨,蓄意篡权,我已下令将他抓了起来。请皇上同意将苏克萨哈立即正法。"

此时康熙尽管对鳌拜的做法不满,可自知实力太差,远不是鳌拜的对手,所以只好忍痛。虽然表面上一个要杀,一个不准杀,谁也不肯让步,但是实际上还是鳌拜势力更大。

鳌拜一气之下,袖子一拂,扬长而去。满朝文武,人人惶恐,没人敢吱声。鳌拜一回到家,马上传令绞杀苏克萨哈,同时还诛杀了他的一家人。

康熙听到苏克萨哈被处死的消息后,气得两眼冒火,决心要除掉这个欺君擅权的鳌拜。但是,康熙心里清楚:鳌拜羽翼丰满,并且掌握着朝廷的军政大权,亲信党羽遍及朝廷内外;而且其身高力大,武艺高强,平时行动总是戒备森严。康熙帝深知要除掉鳌拜绝非一件易事,弄不好,还会激起兵变,那样,他这皇帝的位子也就莫想再坐了。

经过一夜的冥思苦想,康熙帝最后定下了剪除鳌拜的计策。

第二天鳌拜上朝时,康熙帝不露声色,也不再提苏克萨哈的事情,仿佛根本就没有发生过昨天那场争执。

鳌拜却在心里暗自得意:皇上到底是个小孩子,你一厉害,他就软下来了。其实他哪里知道,这是康熙大帝高明的地方,先忍一步为的是最终的胜利。

没过几天,康熙帝给鳌拜晋爵位,加封号,又给鳌拜的儿子加官晋爵,鳌拜心里美滋滋的。

康熙一面故作软弱无能,稳住鳌拜,一面挑选了十几个机灵的少年,在宫内舞刀弄棒,练习角力摔跤。康熙帝自己也加入摔跤队伍与少年对阵取乐。消息传到宫外,大家认为只不过是小皇帝变着法子闹着玩罢了。鳌拜进宫奏事,见一伙少年练习摔跤,康熙在一旁忘情地呐喊、助威,也认为是小皇帝瞎折腾,闹着玩。

小小年纪就能如此机智,沉默忍耐,康熙确实有过人之处。康熙这样才使得自己掌握了主动权,所以从表面上看,朝中大事一切照旧,鳌拜还是那样为所欲为,康熙对鳌拜还是那样信赖,鳌拜渐渐放松了戒备。练习拳棒和摔跤的少年,技艺逐渐纯熟。康熙见时机已到,决定向鳌拜下手。

一天，康熙派人通知鳌拜，说是有要事商量，请他立即进宫。鳌拜直奔宫中，康熙此时正和少年摔跤玩呢，鳌拜上前，正要与康熙打招呼，十几个少年打打闹闹地挨近了鳌拜身边，说时迟，那时快，大家一拥而上，拉胳膊扯腿地将毫无防备的鳌拜翻倒在地。

鳌拜很快反应过来，感到大事不妙，急得挣扎反抗时，十几个少年已牢牢地将他制伏在地，哪里肯让他脱身。他们拿来准备好的绳索，将鳌拜捆了个结结实实。

康熙正言厉色地对躺在地上动弹不得的鳌拜说：

"你欺凌幼主，图谋不轨，飞扬跋扈，滥杀无辜。今日下场，是你罪有应得。你罪行累累，罄竹难书，待我查清你的罪行，一定严惩，绝不宽待。"

鳌拜自知难逃一死，紧紧地闭着双眼，一句话也不说。只能像待宰的羔羊那样，任人宰割！

"忍一时风平浪静"，如果康熙没有出色的自控力，而逞一时匹夫之勇，那后果将不堪设想。

康熙之所以能成为一代名帝，与其过人的控制力是密切相关的。

◆ 用自我激励走出失败的影响

大凡成就一番事业的人物都是情商很高的人，这并不是说他们个性十全十美。情商高低主要表现为在同样的境况下，他们面对失败的态度。

而逆境情商是情商中特别重要的内容，这在许多出色的人们身上都有所体现，和田一夫便是其中的一位。

"八佰伴"曾经是日本最大的零售集团。总裁和田一夫经过长达半个世纪的苦心经营，将一家小蔬菜店发展成为在世界各地拥有400家百货店和超市、员工总数达2.8万人、年销售额突破5000亿日元的国际零售集团。1997年，正当他努力开拓中国市场之际，留在日本总部坐镇的弟弟因经营不慎，使得整个集团遭遇重大挫折，最后不得不宣布破产。

从国际大集团总裁到一文不名的穷光蛋，从住寸土寸金的深院豪宅到租住一室一厅的公寓，从乘坐劳斯莱斯专车到自己买票乘坐公交车……这对于已经68岁的和田一夫而言，无异于是从天堂到了地狱。

一时之间，舆论哗然，众说纷纭。有人说他肯定爬不起来了，只能在穷困潦倒中悄悄地了此残生，有人甚至猜测，他应该会自杀，就像很多在一夜之间破产的人一样。然而事实出乎所有人的意料。和田一夫没有一蹶不振,更没有懦弱地选择自杀,反而抖擞精神重新"复活"了。他从经营顾问公司迈开第一步,后来又和几个年轻人合作,开办了网络咨询公司。虽然进入的是陌生领域,但凭借努力和过去的经验教训,他的生意一步步红火起来。

很多人对他在人生如此的大起大落面前仍然能反败为胜、东山再起敬佩之余,也十分好奇,认为他一定有什么"秘密武器"。对此,他的回答是,如果说有秘诀,那就是乐观和积极。他又解释说,是快乐的心情和积极的心态使他即使面对巨大失败也没有失去希望,即使处在事业的低潮和人生的谷底仍然相信有光明的前途。在这种信念的支撑下,他决心重新上路。

关于和田一夫与他的"八佰伴"的传奇,相信在几年前看过央视《实话实说》的人们一定都印象深刻。

那期节目把和田一夫夫妻俩都请到了《实话实说》节目组,随着主持人崔永元充满睿智与幽默的提问,和田一夫的创业史有如一幅生动的画卷展现在人们的视野前。观众为他们的成功感到佩服,为他们的失败而觉得心酸,但最重要的一点却是被和田一夫的执着与乐观所打动。

和田一夫在现场的表现从容自如,完全看不到一位"失败者"所有的颓废与懊恼,他让人看到希望与信心。

和田一夫的乐观心态,也是他多年坚持"心灵训练"的成果。他曾说:"如果想真正获得人生幸福的话,就需要有'没关系,一切都会好起来的'这种豁达的想法。"这种心灵的训练是很有必要的。从他涉足商场初期,他就一直坚持写"光明日记",记录每天让他感到快乐的事。和田一夫说:"如果想使自己的命运得以好转的话,就必须不断地用积极向上的语言来鼓励自己,并使自己保持开朗的心情。这是非常重要的。"

除了"光明日记"外,和田一夫还独创了"快乐例会"。即在每月的工作例会中,和田一夫规定:在开会前每个人要用三分钟的时间,从这个月发生的事情中找出三件快乐的事情告诉大家。"刚开始的时候,大家很难找出三件快乐的事。后来,养成习惯后,别说三件,人人都想发表十件快乐的事。每月这样延续下来,人人都逐渐露出笑脸。"和田一夫对自己的成绩很自豪,这种别开生面的方式,有效地调动了员工的乐观情绪。

第10章

情商修炼：成功人生的必修课

第1节 儿童情商的培养

◆ 情商教育决定孩子的未来

前些年人们还为许多"少年天才"而津津乐道，但中国科技大学"少年班"的同学，有许多后来竟然不及普通的大学毕业生。

这不禁引起人们的思考，究竟是什么原因让这些智商极高的孩子，最后却取得了与之不相符的成绩呢？

曾有这样一个实验：

让一群儿童分别走进一个空荡荡的大厅，在大厅最显著的位置为每个孩子准备了一块软糖。测试老师对每一个将要走进去的孩子说："如果你能坚持到老师回来时还没把那块软糖吃掉的话，将会得到一个奖励——再给你一块软糖，也就是说，你将得到两块软糖。但是，如果你没等到我回来就把糖吃掉的话，那么你只能得到一块。"

实验开始，孩子们依次走进大厅……

实验结果发现，有些孩子缺乏控制能力，大人不在，又受不了糖的诱惑，就把糖吃掉了。另外一些孩子，则牢牢记住了老师所讲的话，认为自己只要能够再坚持一会儿，就可以得到两块糖，于是，尽量控制住自己。他们并非不受糖的诱惑，而是努力地转移自己的注意力，他们有的唱歌，有的蹦蹦跳跳，有的干脆趴在桌子上睡觉，坚持不看那块软糖，一直等到老师回来。

这样，他们就得到了奖励——第二块软糖。

专家们把孩子分成两组：能够抵御诱惑、坚持下来得到两块软糖的和不能够坚持下来只得到一块软糖的孩子，并对他们进行了长期的跟踪调查。结果发现，在他们长大以后，那些只得到一块糖的孩子普遍没有得到两块糖的孩子获得的成就大。

美国前总统克林顿虽算不上天才人物，但他能登上美国总统的宝座，与他童年和少年的经历有很大的关系。

克林顿的童年很不幸。他出生前4个月，父亲就死于一次车祸。他母亲因无力养家，只好把出生不久的他托付给自己的父母抚养。童年的克林顿受到外公和舅舅的深刻影响。他自己说，他从外公那里学会了忍耐和平等待人，从舅舅那里学到了说到做到的男子汉气概。他7岁随母亲和继父迁往温泉城，不幸的是，双亲之间常因意见不合而发生激烈冲突。继父嗜酒成性，酒后经常虐待克林顿的母亲，小克林顿也经常遭其斥骂。这给从小就寄养在亲戚家的小克林顿的心灵蒙上了一层阴影。

坎坷的童年生活，使克林顿形成了尽力表现自己，争取别人喜欢的性格。

他在中学时代非常活跃，一直积极参与班级和学生会活动，并且有较强的组织和社会活动能力。他是学校合唱队的主要成员，而且被乐队指挥定为首席吹奏手。

1963年夏，他在"中学模拟政府"的竞选中被选为参议员，应邀参观了首都华盛顿，这使他有机会看到了"真正的政治"。参观白宫时，他受到了肯尼迪总统的接见，不但同总统握了手，而且还和总统合影留念。

此次华盛顿之行是克林顿人生的转折点，使他的理想由当牧师、音乐家、记者或教师转向了从政，梦想成为肯尼迪第二。

有了目标和坚强的意志，克林顿此后30年的全部努力，都紧紧围绕这个目标上大学时，他先读外交，后读法律——这些都是政治家必须具备的知识修养。离开学校后，他一步一个脚印：律师、议员、州长，最后是政治家的巅峰：总统。

而无论是他从外公那里学到的忍耐和平等待人，还是舅舅给予他的"男子汉气概"，都是情商的内容，坚定的意志更是情商不可缺少的。

孩子的一些美德与修养来自于家庭的培养，父母是孩子们情商学习的榜样。对待孩子的教育，身为父母的一定要表里如一，切不要对孩子要求做到的品格修养，自己却背地里完全破坏形象，这样的情商教育只会让孩子产生怀疑，要么他也学会了不好的品质，要么有可能对父母不尊重。

从前，有个忠实的小伙子叫汉斯，他一个人住在一间小屋子里，他非常勤劳，拥有一座在村庄里最美丽的花园。汉斯有很多的朋友，但其中有一个跟他最要好的朋友，叫大休，是个磨坊主。磨坊主是个很富有的人，他总是自称是汉斯最忠厚的朋友，因此他每次到汉斯的花园来时，都以最好的朋友的身份拎走一大篮子美丽的鲜花，在水果成熟的季节还拿走许多水果。磨坊主经常说："真正的朋友就该分享一切。"但他可是从来没有给过汉斯什么回赠。

冬天的时候，汉斯的花园枯萎了。"忠实的"磨坊主朋友却从来没去看望过孤独、寒冷、饥饿的汉斯。

磨坊主在家里发表他关于友谊的高论："冬天去看汉斯是不恰当的，人们经受困难的时候心情烦躁，这时候必须让他们拥有一份宁静，去打扰他们是不好的。而春天来的时候就不一样了，汉斯花园里的花都开放了，我去他那采回一大篮子鲜花，这会让他多么高兴啊。"

磨坊主天真无邪的儿子问他："爸爸，为什么不让汉斯到咱们家来呢？我会把我的好吃的、好玩的都分给他一半。"

谁想到磨坊主却被儿子的话气坏了，他怒斥这个上了学，却仍然什么都不懂的孩子，他说："如果汉斯来到我们家，看到我们烧得暖烘烘的火炉，我们丰盛的晚饭，以及我们甜美的红葡萄酒，他就会心生妒意，而嫉妒则是友谊的大敌。"

多么虚假的磨坊主，在他这种"教育"下，本来心灵美好的孩子该有多大的变化啊？

因此，我们在教育孩子的同时，更应注意自己的言行，让孩子拥有健康的人格是每个家长的义务。如同著名的女强人杨澜所言："关于孩子的培养，我并不看重他会弹什么琴，画什么画，我更在意培养他面对困难时的性格以及健全的人格。"

◆ 用鼓励培养自信

每一个孩子都是上帝的宠儿，都是聪慧的，没有不能成材的孩子，只有不会教育的家长。

有位母亲第一次参加家长会。幼儿园的老师说："你的孩子有多动症，在板凳上3分钟都坐不了。"回家的路上儿子问老师说了什么，她鼻子一酸，差一点落泪，"老师表扬了你，说宝宝原来在板凳上坐不了1分钟，现在能够坐3分钟了。别的家长特别羡慕妈妈，因为全班只有宝宝进步了。"那天晚上，儿子破天荒地吃了两碗米饭。第二次家长会，老师说："全班50名同学，这次你儿子数学排49名，我怀疑他有智力问题，最好带他到医院看一下。"回家的路上，她哭了。回到家里，看到诚惶诚恐的儿子时，她振作精神："老师对你充满信心，你并不是一个笨孩子，只要你能够细心些，一定会超过你的同桌。"说这些话时，她发现儿子暗淡的眼神一下子亮了。第二天上学，儿子比平时起得都早。孩子上了初中，又一次家长会，老师告诉她："按你儿子的成绩，考重点中学有点危险。"回家后她还是告诉儿子："班主任对你非常满意，只要你努力，很有希望考上重点中学。"高中毕业，儿子把哈佛大学的通知书送给了妈妈。边哭边说："妈妈，我一直都知道我不是个聪明的孩子，是您……"

这时，她再也按捺不住十几年聚集在内心的泪水。

孩子的自信来源于父母的鼓励，每个人内心深处都有渴望得到别人赞同、认可、欣赏的意愿。

当孩子表现不佳时我们最好别用直接批评的话来教训他，即使真有批评的必要也可以婉转一些。

有的父母在开始批评之前，会真诚地赞美孩子，这本来是个不错的开端，问题是赞美完了他总要来个"但是"，然后开始批评。比如，一位父亲要批评儿子不专心学习。他可能会对儿子说："你这个学期成绩有进步，我们真为你感到骄傲；但是，你的数学成绩不是很理想……"在"但是"之前，孩子一定感到很高兴。

一个"但是"就会让他怀疑前面的赞美不是出自你的真心,他会觉得那些赞美不过是糖衣炮弹,是攻击的前奏。一旦孩子对父亲赞美的诚意产生怀疑,他很可能会产生对立情绪。

其实,只要把"但是"换成"而且",效果就会大不一样。如果那位父亲说:"你这个学期成绩有进步,我们真为你感到骄傲;而且只要你继续努力,你的数学成绩将会更好。"这样一来,儿子就会大受鼓舞。他既受到了夸奖,也间接地知道了自己的数学成绩有待提高,他一定会努力去做那个让父母感到骄傲的孩子。

过于直接的批评往往会使孩子不快,甚至产生对立情绪。有时候间接地让别人去面对自己的错误,效果要比直接的批评好得多。

美国陆军学院的教官哈雷·凯塞带了一群预备役军官,需要解决学员们头发过长的问题。预备役军人总认为自己不是真正的军人,因此很不愿意把他们的头发剪短。凯塞没有像别的教官一样向他们发出命令或威胁,他是这样说的:"先生们,你们都是领导者,应该为你们的部下做榜样。军队对头发的规定你们是知道的,我今天也要按规定理发,并且我的头发比某些人的还要短。你们可以对着镜子检查一下,看看自己是不是需要理发了。"结果有几个头发太长的学员下午就按规定理了发。

前文中的那位母亲是一位高情商的人,她对于孩子培养的成功来自于心的鼓励。哈佛大学的教授加德纳有一句名言:"每个孩子都是一个潜在的天才儿童,只是经常表现为不同的形式。"所以,通过激励,每一个孩子都可以有一番作为。

一个小男孩认为自己是世界上最不幸的孩子,脊髓灰质炎给他留下了一条瘸腿和一嘴参差不齐的牙齿。因此,他很少与同学们游戏和玩耍,老师叫他回答问题时,他也总是低着头一言不发。

在一个平常的春天,小男孩的父亲从邻居家讨了些树苗,他想把它们栽在房前院子里。他叫孩子们每人栽一棵,父亲说,谁栽的树苗长得最好,就给谁买一件最好的礼物。小男孩也想得到父亲的礼物,但看到兄妹们蹦蹦跳跳提水浇树的身影,不知怎么他竟然萌生出这样一种想法:希望自己栽的那棵树早日死去。因此,浇过一两次水后,他就再也没去打理它。

几天后,小男孩再去看他种的那棵树时,惊奇地发现它不仅没有枯萎,而且还长出了几片新叶子,与兄妹们种的树相比,似乎更显得嫩绿,更有生气。父亲兑现了他的诺言,为小男孩买了一件他最喜爱的礼物。父亲对他说,从他栽的树来看,他长大后一定能成为一个出色的植物学家。

从那以后，小男孩就对生活有了美好的憧憬，慢慢地变得乐观开朗起来。

一天晚上，小男孩躺在床上睡不着，看着窗外明亮皎洁的月光，忽然想起生物老师曾说过的话：植物一般都在晚上生长。何不去看看自己种的那棵小树是不是在长高？当他轻手轻脚来到院子时，看见父亲正用勺子在给自己栽的树苗浇水。顿时，他明白了，原来父亲一直在偷偷地护育着自己的那棵小树！他返回房间，禁不住泪流满面……

几十年过去了，那个瘸腿的小男孩没有成为一个植物学家，但是他却成了美国总统。他的名字叫富兰克林·罗斯福。

普天之下的父母都可以把自己最杰出的作品——孩子，培养成最杰出的人物。

◆ 培养坚毅品格

莎士比亚说："千万人的失败，都失败在做事不彻底；往往做到离成功还差一步，便终止不做了。"

坚毅是不屈的意志与顽强的斗志。

有一个农家子弟，初中只读了两年，家里就没钱继续供他上学了。他辍学回家，帮父亲耕种3亩薄田。在他19岁时，父亲去世了，家庭的重担全部压在了他的肩上。他要照顾身体不好的母亲，还有一位瘫痪在床的祖母。

20世纪80年代，农田承包到户。他把一块水洼挖成池塘，想养鱼。但乡里的干部告诉他，水田不能养鱼，只能种庄稼，他只好又把水塘填平。这件事成了一个笑话，在别人的眼里，他是一个想发财但又非常愚蠢的人。

听说养鸡能赚钱，他向亲戚借了500元钱，养起了鸡。但是一场洪水后，鸡得了鸡瘟，几天内全部死光。500元对别人来说可能不算什么，对一个只靠3亩薄田生活的家庭而言，可谓天文数字。他的母亲受不了这个刺激，竟然忧郁而死。他后来酿过酒，捕过鱼，甚至还在矿山的悬崖上帮人打过炮眼……可都没有赚到钱。

35岁的时候，他还没有娶到媳妇。即使是离异的有孩子的女人也看不上他。因为他只有一间土屋，随时有可能在一场大雨后倒塌。娶不上老婆的男人，在农村是没有人看得起的。

但他还想搏一搏，就四处借钱买一辆手扶拖拉机。不料，上路不到半个月，这辆拖拉机就载着他冲入一条河里。他断了一条腿，成了瘸子。而那拖拉机，被人捞起来时,已经支离破碎,他只能拆开它,当成废铁卖。

几乎所有的人都说他这辈子完了。

但是后来他却成了我所在的这个城市里的一家公司的老总,手中有2亿元的资产。现在,许多人都知道他苦难的过去和富有传奇色彩的创业经历。许多媒体采访过他,许多报告文学描述过他。其中有这样一个情节——

记者问他:"在苦难的日子里,你凭什么一次又一次毫不退缩?"

他坐在宽大豪华的老板桌后面,喝完了手里的一杯水。然后,他把玻璃杯子握在手里,反问记者:"如果我松手,这只杯子会怎样?"

记者说:"摔在地上,碎了。"

"那我们试试看。"他说。

他手一松,杯子掉到地上发出清脆的声音,但并没有破碎,而是完好无损。他说:"即使有10个人在场,他们都会认为这只杯子必碎无疑。但是,这只杯子不是普通的玻璃杯,而是用玻璃钢制作的。"

这样的人,即使只有一口气,他也会努力去拉住成功的手,除非上苍剥夺了他的生命……

什么叫坚毅?这就是很完美的答案。

孟德斯鸠说:"很多时候,如果能够知道距离成功还有多远,获得成功也就不成问题了。"

不论在人生旅途的哪一程,坚忍不拔与锲而不舍的精神,都是成功的重要因素。

"鳄鱼牌"休闲服举世闻名,风行全球。《亚洲华尔街日报》曾以"美国人突然爱上了可怕的鳄鱼"为题,报道了"鳄鱼牌"服装在美国所造成的冲击,里根总统甚至穿着鳄鱼牌服装在记者招待会上亮相。

"鳄鱼牌"服装上的鳄鱼,长1.25英寸,高0.75英寸,通常为绿色或蓝色,一定绣在上衣的左胸前,鳄鱼身上还有LACOSTE(依格仕)的字样。

LACOSTE是法文,它并非法文的"鳄鱼",而是一位法国人的名字,他的全名叫RENE LACOSTE(雷尼·依格仕)。1926年,在网球场上,他击败了当时世界冠军基尔敦,为法国赢得第一座网球冠军杯;而后连续3年,他一直称霸世界的网坛。依格仕突出的表现,一时声名大噪,成为法国家喻户晓的英雄人物。

依格仕能够打败强敌,除了依靠熟练的技巧外,主要凭借他如同鳄鱼般"咬住不放"的坚忍毅力与死缠到底的精神。所以,别人给他取了一个"鳄鱼"的绰号。

他自己也以"鳄鱼"的绰号为荣,所以在他网球衫的左胸前绣了一只小鳄鱼,当成是自己独特的标志。

没想到这只象征斗志的"鳄鱼"绣在网球衫上后,竟受到大众的青睐,纷纷要求依样绣在自己的网球衫上。于是,依格仕在1933年退出网坛,成立了"依格仕公司",专门生产在左前胸绣有"鳄鱼"标志的网球衫,以满足大众的需要。

这就是"鳄鱼牌"休闲服——LACOSTE的由来。不管你是否是"鳄鱼牌"的爱好者,都要培养孩子鳄鱼般"咬住不放"的坚忍毅力与锲而不舍的精神。

第2节 工作情商的培养

◆ 情商高的人工作易于成功

一个高情商的人不仅在工作上易于成功,在生活中如沐春风,爱情上春风得意,更能带领团队向更大的辉煌迈进;高情商的人即使是个职场新人,也能获得良好的人际关系,为自己的晋升创造良好的条件。

有位老总平时看不出与别的老板有什么区别,但有一件事却让所有人都感叹他是个情商高手。

你瞧瞧他是怎样发红包的吧:

他把员工一个个叫到董事长办公室发奖金,常常在员工答礼完毕,正要退出的时候,他叫道:

"请稍等一下,这是给你母亲的礼物。"

说着,他又给员工一个红包。

待员工表示感谢,又准备退出去的时候,他又叫道:

"这是给你太太的礼物。"

连拿两份礼物,或者说拿到了两个意料之外的红包,员工心里肯定是很高兴的,鞠躬致谢,最后准备退出办公室的时候,又听到董事长大喊:

"我忘了,还有一份给你孩子的礼物。"

第三个意料之外的红包又递了过来。

真不嫌麻烦，四个红包合成一个不就得了吗？

可是，合在一起，员工会有意外之喜吗？

这位老总真不愧是位出色的领导，其实他并没有多花一分钱，就买到了员工的心。

在平常，他派员工去做事情，做完了也会来一个意外的奖励，虽然那是员工分内之事。

有一回，总务部的办事人员把一个不小心写错了价格和数量的商品邮件寄了出去，董事长知道后，马上命令另一个员工将它取回来。

可是，要在那么多的邮筒当中找一份邮件谈何容易。"我怎么知道他投在哪一个邮筒里了，别人犯下的错误为什么要我去给他收拾？没道理。"这个员工小声地发着牢骚。

"我想他很有可能是投在附近的邮筒中了，附近邮筒的邮件全部集中在船场邮局，你先去那里看看吧。"

董事长都这样提醒了，他也只好去了。那个员工在船场邮局果然找到了那份邮件，并把邮件放在了董事长的面前。

"辛苦了，"这位老总露出欣喜的微笑，"这是给你的礼物。"

他拿出一份精美的礼物奖赏给那个员工。

原本一肚子牢骚的员工，再也没有牢骚了，反倒充满感激。

其实，这份礼物也不见得破费多少。

这位能让员工做事之后还心怀感激的老板，真是罕见的情商高手。有这样一位老板是员工的福气，当然受益最大的还是他自己——只有如此他才能获得更大的利益，取得更加不平凡的成绩。

说到情商之高，不得不提到一位人物，他就是战胜许多不利条件而最终取得辉煌的罗斯福总统。

他是一个真正的公关高手，懂得如何引导公众舆论的走向。他当上总统后立刻加入了新闻俱乐部，以此拉近与新闻记者的距离。他对每一个采访他的记者都一视同仁、以诚相待，和新闻界建立起一种合作互助的关系。记者们不断从他那里得到真实、权威的消息，他则借助媒体将他的决策、政见传达给公众，有效地控制了舆论走向。维护总统的形象，似乎成了记者们的义务。罗斯福在国内政敌如云，经常遭到来自各方的猛烈抨击，但是他因小儿麻痹症导致的残疾形象几乎从未见报，就连最乐于捕捉花边新闻的记者也从未将他在轮椅上被人抬来抬去的镜头拍下来，他在公众心目中始终保持着高大、坚强、富于人情味的形象。

为了从情感上赢得公众的支持，罗斯福入主白宫后发表了一次广播讲话，他一改过去播音时正襟危坐的做法，而采取了围坐在壁炉边拉家常的形式，在轻松的气氛中分析局势，畅谈政见。这种讲话方式让公众感到十分亲切，被人称为"炉边谈话"。第二次世界大战爆发时，美国国内反战呼声很高，罗斯福以炉边谈话的方式安抚对战争心有余悸的国民，向他们保证美国不会介入冲突。但是，当法西斯暴行愈演愈烈时，罗斯福在炉边谈话中号召国民抛开同法西斯势力和平共存的幻想，随时作好战争准备。他的呼吁从情和理两方面都得到了多数国民的支持，得以两次修改中立法以适应形势的需要。当战火终于从珍珠港烧向美国时，罗斯福再次发表炉边谈话，到了这时候，"美国参战"不仅是总统的命令，也是公众的强烈呼声。

在罗斯福走向成功的过程中，情感因素起到了非常重要的作用，情商中的各项能力在他身上得到了近乎完美的体现。

工作中的高情商绝不是指单纯的认真、辛苦，甚至把工作当成生活全部，这样的人并不就是成功的人。

有三个商人，他们死后一起去见上帝，讨论他们在世时的功绩，并请上帝打分。

第一个商人说："尽管我经营的生意很不理想，公司差不多快倒闭了，但我和我的家人都不在意，我们把钱看得很轻，我们生活得很愉快。"

上帝给这个人打了 50 分。

第二个商人说："我的大部分时间都花在生意上，很少有时间和家人待在一起，我只关心我的生意，在我死之前，我已经是亿万富翁了。"

上帝给他也打了 50 分。

第三个商人说："我在世时，虽然每天都忙于生意，但我更看重家庭，尽力抽时间照顾家人和陪伴家人。我的朋友也很多，我和他们很谈得来，我们经常去打高尔夫球，在娱乐中把生意就谈成了，我觉得活在世上很有意义。"

这个人得了 100 分。

除了工作，还有顾及家庭和朋友，这是上帝打分的原则。

高情商的人除了能把工作做得出色，还会调整好家庭与工作的关系，他们清楚这二者如何在自己的调理下和谐发展。

情商的高低直接关系到一个人事业能否成功、成就的大小，在懂得了情商的内容之后，我们或许可以学习一下，让自己的情商得到提升。

◆ 工作中善于控制自己的情绪

美国心理学家对全世界300多位各行业的成功人士进行研究，发现他们驾驭自己情绪的能力要远远高于普通人，这种自控能力在商界成功人士中尤为突出。意大利著名企业家安东尼·迪比奥坦言："我的天赋其实很一般，从小到大，我身边的许多人都比我聪明。和他们相比，我唯一的优势就是冷静，我很少为那些情绪化的事情浪费时间。我的意思是说，多愁善感对于一个天赋不高的人来说未免太奢侈了。"

安东尼·迪比奥所说的"冷静"，是指用理智和意志来控制情绪活动，对正面情绪加以维持和利用，对负面情绪进行消解和转化。

大学毕业后，赵宇应聘到一家公司做助理。刚开始，他很难受，特别是老张、小李什么的动不动就唤他去打杂，他就会发无名火，觉得很没尊严。他觉得他们在把自己当奴才使唤。不过，事后冷静一想，又觉得他们并没有错，他的工作就是这些。刚进来时，王经理也这么事先对他说过，但一旦涉及具体事情，他的情绪就有点失控。有时咬牙切齿地干完某事，又要笑容可掬地向有关人员汇报说："已经做好了！"如此违心的两面派角色，他自己都感到恶心。有几次，他还与同事争吵起来。从此以后，他的日子更不好过了，同事们都不理他，赵宇在公司感到空前的孤独。

有一天，女秘书小吴不在，王经理便点名叫赵宇到他办公室去整理一下办公桌并为他煮一杯咖啡。他硬着头皮去了。王经理是很厉害的，他一眼就看出了赵宇的不满，便一针见血地指出："你觉得委屈是不是？你有才华，这点我信，但你必须从点滴做起。"

他叫赵宇先坐下来，聊聊近况。可赵宇身旁没有椅子，他不知道该坐在哪里，总不能与王经理并排在双人沙发上坐下吧！

这时，王经理如有所指地说："心怀不满的人，永远找不到一个舒适的椅子。"难得见到他如此亲切和慈祥的面孔，赵宇放松了很多。

手脚忙乱地弄好一杯咖啡后，赵宇开始整理王经理的桌子。其中有一盆黄沙，细细的，柔柔的，泛着一种阳光般的色泽。赵宇觉得奇怪，不知道这是做什么用的。

王经理似乎看出他的心思。伸手抓了一把沙，握拳，黄沙从指缝间滑落，很美！王经理神秘地一笑："小伙子，你以为只有你心情不好，有脾气，其实，我跟你一样，但我已学会控制情绪……"

原来，那一盆沙子是用来"消气"的，那是王经理的一位研究心理学的朋友送的，一旦他想发火时，可以抓抓沙子，它会舒缓一个人紧张激动的情绪。朋友的这盆礼物，已伴他从青年走向中年，也教他从一个鲁莽少年打工仔，成长为一名稳重、老练、理性的管理者。王经理说："先学会管理自己的情绪，才会管理好其他。"

美国总统布什说："你能调动情绪，就能调动一切。"

有个简单的研究情绪对健康的影响的实验。美国生理学家艾尔玛将一支支玻璃管插在摄氏零度、冰和水混合的容器里，借以搜集人们不同情绪时呼出来的"汽水"。结果发现，心平气和时呼出的气凝成的冰澄清透明、无色、无杂质。如果生气，则会出现紫色的沉淀，研究者将这些"生气水"注射到白老鼠身上，几分钟后，老鼠居然死了。

工作中我们尤为要重视控制情绪，因为工作需要的是一个充满理性光辉的人，而非凡事听凭感性的动物。

用理智和意志来控制情绪，从表面上看是对自己的天性和自由的约束，实际上这种约束却能使你获得更多的自由。因为在某种程度上，能够控制自己的情绪就意味着能主宰自己的命运；一个放任自己情绪的人看上去似乎很自由，实际上他已经沦为情绪的奴隶，这样的自由不过是一种假象。不能控制自己情绪的人很容易被别人操纵。比如，易怒的人，别人可以通过激怒他使他犯错；胆小的人，别人可以用恐吓的手段使他退却。因此，一个真正理解了自由的人，也是懂得如何驾驭自己情绪的人。

情绪是人对事物的一种最肤浅、最直观、最不用脑筋的情感反应。它往往只从维护情感主体的自尊和利益出发，不对事物作复杂、深远和智谋的考虑，这样的结果，常使自己处在很不利的位置上并且为他人所利用。情绪更是情感的最表面部分、最浮躁部分，以情绪做事，焉有理智？不理智，能有胜算吗？

但是我们在工作、学习、待人接物中却常常依从情绪的摆布，头脑一发热（情绪上来了），什么蠢事都敢做，什么蠢事都做得出来。比如，因一句无甚利害的话，我们便可能与人打斗，甚至拼命（诗人莱蒙托夫、普希金与人决斗死亡便是此类情绪所为）；又如，我们因别人给我们的一点假仁假义，而心肠软，犯根本性的错误（西楚霸王项羽在鸿门宴上耳软、心软，以致放走死敌刘邦，最终痛失天下，便是这种柔弱心肠的情绪所为）；还有很多因情绪的浮躁、简单、不理智等而犯的过错，大则失国失天下，小则误人误己误事情。

因此，想要取得卓越的工作成就，就先要学会控制情绪，会自控的人才能实现控他。

◆ 成功管理你的上级

一个人从出生到成熟，到最后死亡，都有自己的上级——不同阶段的上级也不同，一个高情商的人会主动寻求管理上司的方法。

做学生时，老师就是你的上级；走出校门，做了普通的职员，部门主管是你的上司；拼命努力，做了主管，经理是你的上级……

许多人都爱挖空心思地琢磨怎样管理下属，却不费点精神想想怎样管理我们上级。这确实是个值得关注的问题，因为，对上级的不了解将直接导致你晋升无望。

情商的高低在管理上级的问题上可见高下。

在整个第二次世界大战期间，斯大林在军事上最倚重的人有两个：一个是军事天才朱可夫，另一个则是苏军大本营的总参谋长华西里耶夫斯基。

斯大林在晚年逐渐变得独裁，"唯我独尊"的个性使他不允许有人比他高明，更难以接受下属的不同意见。在第二次世界大战期间，斯大林这种过分的"自我尊严"曾使红军大吃苦头，遭到了巨大损失和重创。一度提出正确建议的朱可夫曾被斯大林一怒之下赶出了大本营。

但有一人例外，他就是华西里耶夫斯基，他往往能使斯大林在不知不觉中采纳他正确的作战计划，从而发挥着杰出的作用。

华西里耶夫斯基的进言妙招之一，便是潜移默化地在休息中施加影响。

在斯大林的办公室里，华西里耶夫斯基喜欢同斯大林谈天说地地"闲聊"，并且往往还会"不经意"地"随便"说说军事问题，既非郑重其事地大谈特谈，也不是讲得头头是道。由于受了启发，等华西里耶夫斯基走后，斯大林往往会想到一个好计划。过不多久，斯大林就会在军事会议上宣布这一计划。

华西里耶夫斯基在和斯大林交谈时有时会有意识地犯一些错误，给斯大林充分的机会去纠正错误，表明其英明，然后把自己最有价值的想法含混地讲给斯大林，由斯大林形成完整的战略计划公开"发表"。斯大林的许多重要决策就是这样产生的。

朱可夫的失宠与华西里耶夫斯基的得宠不得不说是个关于管理上级能力的差别。

朱可夫与华西里耶夫斯基的差别显然不在"智商"上，要知道既然被称为"军事天才"，就不是一个笨脑袋可以达到的，但朱可夫的情商在此显得不够应付斯大林的个性。关于管理上级的内容，主要包括以下几点：

（1）首要的目的是要了解你的上级的目标、压力。这样你可以得心应手地与他交谈，因为你知晓他的希望与动力。

（2）上司的长处和弱点。了解这些可以帮助你适应他的领导风格与相处模式。比如一个喜爱追求细节的上司，你给他的报告就可不厌其烦地细议，因为他要的就是追求细节。反之，一个性格喜爱关注大局的上级，他大概欣赏的是三言两语把问题讲清楚的下属。

（3）了解上司的领导风格。要清楚地知晓你的上司爱听口头汇报，还是喜欢个人花时间看报告，这也很有必要。

（4）了解上司的性格特征与兴趣爱好。这样便于你和他的沟通，使之能够有效交谈，同时容易寻找出共同的交谈话题。

管理上级是门大学问，当然远不止以上几方面，如果你是个有心人，自然会发现还有许多值得学习的地方。

第3节　情爱情商的培养

◆ 爱要用沟通来表达

一把坚实的大锁挂在大门上，一根铁杆费了九牛二虎之力，还是无法将它撬开。钥匙来了，他瘦小的身子钻进锁孔，只轻轻一转，大锁就"啪"地一声打开了。

铁杆奇怪地问:"为什么我费了那么大力气也打不开,而你轻而易举地就把它打开了呢?"

钥匙说:"因为我最了解他的心。"

每个人的心,都像上了锁的大门,任你用再粗的铁棒也撬不开。唯有关怀,才能把自己变成一只细腻的钥匙,进入别人的心中,了解别人。

恋爱中的男女和婚姻生活里的夫妻,有谁不希望了解对方的心呢?有人说人心最难测,确实如此,本来很相爱的双方,如果因不善沟通而导致劳燕分飞,那真是令人扼腕叹息的事。

婚姻使处于两个不同家庭中的男女走到一起,开始了后半生的生活,这就意味着在认识、结婚以前,你和你的爱人都已经有了自己的生活经历,都已经形成了自己的人生观、价值观。这样的两个成年男女为了爱、为了家庭走到了一起,如果在婚后不能及时地进行更深、更全面的了解与沟通,要想幸福是很难的。

然而,沟通并不是如想象的那般容易,良好的沟通可以使夫妻建立起信任、理解,使彼此更加亲密。而那些缺乏技巧的沟通,却往往会得到相反的效果。

一对夫妻在下班回家之后,出现了沟通障碍的情节:

"啊,亲爱的,你回来了,今天工作忙吗?"妻子说。(表示关心,并询问对方的情况)

"没什么。"丈夫回答。(不予明确回答)

"好啊,那么你帮我洗菜好吗?"(提出要求)

"我今天累极了!"(不明确予以答复,给出一个模糊的理由)

"亲爱的,今天有什么事,工作不顺利?给我讲讲好吗?"(又提出询问)

"没什么,告诉你也帮不了什么忙。"对方小声咕哝一句。(又不予以明确答复)

"待会儿有几个客人要来,我累了半天了,你帮我……"(又提出要求)

"好吧,好吧。"丈夫不耐烦地打断了妻子的话。(不想听爱人的陈述)

夫妻闷闷不乐地干起了活,客人来了,夫妻俩殷勤招待,两人都累得够呛。客人走了,妻子面对杯盘狼藉的残局:"亲爱的,帮我……"

这时丈夫终于忍不住了:"帮你,帮你,你当我是机器人啊!我天天上班累得要死,晚上我还得加班干。你把我当什么了?"这时妻子也火了:"我早就问你有什么事,你不说,现在你发什么脾气。这家务活就该我一个人干?这个家就是我一个人的吗？……"于是双方怒气冲天地抱怨起来。

像上面的这种事例，实际生活中有许多。丈夫抱怨妻子的唠叨，妻子埋怨丈夫对她不够重视、不愿说话。

绝大多数的丈夫们是"闷葫芦"型，有了不顺心的事，尤其是失落的情绪，不愿意对妻子谈论，宁愿一个人扛着。

往往丈夫出于好意不说话——因为不想让坏情绪影响妻子，但却收不到意想之中的效果。因为丈夫越不吭声，妻子越好奇，于是好问，在得不到对方的答复后，妻子情绪往往失控，于是喋喋不休的抱怨接踵而来。

沟通是一门学问需要技巧，不善沟通的人们只会感到对方与你不在同一世界，认为对方不理解你，而一个不想沟通或直接把心事往心里藏的人，也不会有甜蜜的生活。

只有沟通才能促进彼此间的理解，也只有沟通好了，对方才能感到你对他／她的爱意。

根据统计，男人用语言来表达客观事实与资料，女人除了用语言表达客观事实与资料之外，还用它来表达思想与情感，女人对语言的使用有天然的优势，但是男人就不太喜欢使用语言表达思想与情感，他们需要某种程度的训练才能勉强表达。有时，谈话本身也是妻子在婚姻中需要得到满足的一项重要需求，有时候她只不过想和丈夫说说话而已，但是，做丈夫的切莫仅仅认为沟通不过是说说话而已，其实里面大有学问，在与妻子谈话时，最好不要忘记以下几点：

常常回忆恋爱时两人在一起谈话的情形，在婚后仍然需要表现出同样程度的爱意，尤其要将你的感受表达出来。

女人特别需要跟她认为深深关怀、呵护她的人谈话，以表达她对事物的关切与兴趣。

每周有15个小时与另一半单独相处，试着将这段时间安排得有规律，成为一种生活习惯。

多数女人当初是因为男人能有时间与她交换心里的想法与情感，才爱上他的，如果能保持这样的态度与心意，继续满足她的需求，她的爱就不会褪色。

爱需要两颗心的碰撞，也需要两颗心的交流，这样才会有夺目的光芒。

爱是要双方用心经营的，经营不善的结果也和公司一样——倒闭，受害的甚至不仅仅是当事人双方。

◆ 理解对方的角色转换

一个家庭中无论是男性还是女性，一般都身兼数职：父亲、儿子、丈夫；母亲、儿媳、妻子等。如何处理好家庭成员之间的关系，成为我们每个人关注的焦点。

正因为这种身兼多职的因素，使得我们面对不同的对象展现不同的自己，作为配偶一方需要有一颗理解对方角色转换的心。

理解对方的角色转换，避免因此而产生沟通障碍与激烈的矛盾，其中尤其要做到的是接受"恋爱"到"结婚"的角色转变，以及互相理解。

胡波和刘庆结婚才半年多，就开始整天闹别扭了。他们没有了以前的花前月下、卿卿我我，原来的海誓山盟也早已被抛在脑后。不久，他们竟然也像其他夫妻那样，渐渐过上了"大吵三六九，小吵天天有"的生活，而这种生活，恰恰是原来被他们耻笑和鄙夷的。

在争吵的时候，他们不经意地触碰到了离婚的话题。"离婚"这两个字眼，最初说出来时他们两人都感到很惊诧，但时间一长也就"见怪不怪"了，成为他们吵架时经常挂在嘴边的"口头禅"。

大概真的像人们所说："初恋时，我们还不懂爱情。"在胡波和刘庆之间，恋爱时都把对方偶像化了，把缺点也当作优点，认为对方就是"天底下最完美的人"，无视一切对自己生活有可能产生不利影响的因素。

在恋爱的时候，他们像其他人一样，过高地评价了彼此的爱情，在如痴如醉的感情刺激和互相讨取欢心的最佳表现下，没有能力辨别、分析对方的实际状况。

可是，结婚以后，柴米油盐酱醋茶，很现实的问题摆在面前，生活不再有那么多的诗情画意。而且，冲动已渐趋平淡，激情被常情取代。所以彼此间才会变得心灰意懒，精神振作不起来，而且常常互相挑剔和指责。

恋爱是激情和理想的宣泄，婚姻则是平凡而现实的生活。恋爱和婚姻并不完全一样，只有进行适当的转变，才能有效避免婚姻的困惑。

像胡波和利庆这种状况，是许多夫妻都曾经历过的，幸运的是绝大多数夫妻很快意识到问题的严肃及时作了调整，理解彼此的角色转换，并由此适应了新的生活，开始用新的眼光重新审视彼此。

对于角色转换的适应，还要求夫妻间要有足够的信任与理解。

有句英国谚语说："要想知道别人的鞋子合不合脚，穿上别人的鞋子走一英里。"这句谚语讲的就是同理心。

同理心一词，原来是美学理论家用以形容理解他人主观经验的能力。现在，我们普遍认为同理心是个心理学概念。它的基本意思是说，你要想真正了解别人，就要学会站在别人的角度来看问题。

沟通中，同理心占据着非常重要的位置。

在生活，当与爱人发生矛盾的时候，你的伴侣会说："如果是你，你会不会也和我一样呢？"他在要求你设身处地地为他着想，他是不得已而为之的。这便是同理心。

很多时候，人们总是以自我为中心，很少站在别人的角度考虑问题，因此，生活中总是充满了矛盾。但是站在别人的角度来理解就够了吗？是不是还有更深层面的东西呢？

莱曼兄弟公司是1850年由莱曼三兄弟：亨利·莱曼、伊曼纽尔·莱曼、迈耶·莱曼创办的。这三兄弟来自德国，后到美洲大陆寻找发展机会，经过他们的苦心经营，该公司拥有资本约25亿美元，是华尔街历史上最大的投资银行之一。

但由于兄弟二人彼此难以容忍对方的缺陷，最终导致公司破产。亨利·莱曼是个事业型的领导者，凡事从大处着眼，公司很多计划都是他制定出来的；伊曼纽尔·莱曼则是精细的后勤人员，善于组织内务，精于算计；而迈耶·莱曼则脱离了他两个兄弟的方向，他的目标是创办自己的企业。迈耶·莱曼根本不顾及他的两个兄弟，一味地为自己将来的大企业着想，同时另外两人也置迈耶·莱曼于不顾，只顾整个公司的继续发展，这样，矛盾便产生了。

后来，迈耶·莱曼再也无法忍受集体（公司）的束缚，离他们而去，整个公司随之也分崩离析了。莱曼兄弟公司解体的故事说明了这样一个道理，所有的成功都是齐心协力创造出来的，如果失去了这种协作，那么，很难找到成功的道路。

兄弟之间如此，那夫妻间怎样相处呢？最重要的一条就是站在对方的角度去思考。

充分理解彼此所扮演的角色，并在家庭生活中理解、信任对方，才是维系宁静与温馨家庭的方法。

◆ 换位思考

无论是恋爱中的情侣，还是婚姻生活中的夫妻，时常会抱怨对方不理解自己。在"理解万岁"的理念下，我们可否学一下换位思考。

许多争吵和矛盾本来不必发生，但就是因为缺少了一份理解甚至分道扬镳的也不在少数。如果我们稍微替对方考虑一下，那么结局恐怕会大相径庭。

有个上海的女孩丁丽，嫁给了湖南男孩白平，两人感情很好，但总是因"吃菜问题"闹矛盾。丁丽做菜要放糖，因为上海人爱吃甜的；白平做菜喜欢放辣椒，因为湖南人嗜辣如命。吵来吵去，婚姻出现裂痕，最终导致离异。第二年，另一个白马王子被丁丽相中。婚后丁丽犯难了：这第二任丈夫马超，祖籍四川，也是个"吃辣大王"。第一次失败婚姻记忆犹新，经过深思熟虑，丁丽终于想出一招妙计。婚后第一餐饭，她就抢着买菜烧菜，每样菜里都放了辣椒，丈夫马超吃得津津有味。可是，马超偶尔一看妻子，只见她被辣得满头大汗，惊问："你既然不爱吃辣椒，菜里面放这么多辣椒干啥？"丁丽听罢，心中甜丝丝的，笑道："因为你爱吃辣椒啊！"马超好感动。第二天，马超抢着买菜做菜，他在每样菜里都加了糖，丁丽一吃，挺对胃口的，就问丈夫："你不爱吃甜的，为什么每样菜都放糖呢？"马超诡秘地一笑："我是向你学习，处处替对方着想啊！"丁丽听了，止不住泪水刷刷而下。她暗想，要是当年和白平在一起生活时也能像如今这样"换位思考"，也不至于和白平分道扬镳！

与丁丽经历相类似的，还有一例。

《列子》中有这样一则故事。

著名学者杨朱有个弟弟叫杨布。有一天，他穿白衣服外出会友，回家时，天开始下雨，他就脱掉白衣服，穿着黑衣服回家。

一进门，狗没认出他，前扑后咬，大叫不止。杨布很生气，持杖打狗。杨朱马上拦阻，说："你不要打狗，如果你的狗出去时是白狗，回来时是黑狗，你也会以为它是别人家的狗，把它赶出去的。"

情商高的人，在处理家庭矛盾时总会用到换位思考，因为他深知由此带来的益处。

换位思考在夫妻之间的沟通和交流上占有非常重要的地位，因为不了解对方的立场、感受及想法,我们就无法正确地思考与回应,沟通便被阻断,误会由此产生。都说婆媳关系难处,还要让夹在中间的那个男人痛苦。但若我们站在对方的位置上稍加考虑,不就减少了许多不必要的摩擦吗?

作家三毛的婆婆与三毛刚开始是互相不欣赏的,她们俩的紧张关系影响到了荷西与她们的关系。后来三毛想如果她是我母亲我会怎样呢?于是高高兴兴地搂着婆婆,甜美地叫了声"妈",这一声"妈"的魅力不小,把婆婆深深感动了。

换位思考到底是什么呢?其实就是"移情"去"理解"别人的想法、感受,从对方的立场来看事情,以别人的心境来思考问题。换位思考不但需要转换思维模式,还需要一点好奇心来探求他人的内心世界。

真正的换位思考必然是一个"移情"的过程,要从内心深处站在他人的立场上去,要像感受自己一样去感受他人,但不幸的是,许多人的换位思考却缺少了"移情"这一个根本要素。他们或是站在自己的位置上去"猜想"别人的想法及感受,或是站在"一般人"的立场上去想别人"应该"有什么想法和感受,或是想当然地假设一种别人所谓的感受。这样的换位思考,其实仍然局限于自己设定的小圈圈之中,绝对无法体验他人真正的感受和思想。

人们常说,良好的沟通是心与心的沟通,其实"移情"换位又何尝不是心与心的交流、心与心的沟通呢?生活中那些"善解人意"的人往往受到大家的喜爱和尊敬,原因就是他们能够做到"移情"换位,用别人的眼光来想问题、看世界,以别人的心境来体会生活,这样便拉近了人与人之间的距离。

丈夫在形容一位好妻子时总不忘把"善解人意"的词汇加到幸福的女人身上;妻子在描述一位好丈夫时同样会把"善解人意"用到幸福的男人身上,换位思考对于每一对深陷爱河的人都有积极的作用。

◆ 营造轻松的二人世界

现代社会生活节奏很快,尤其是在一些大都市,每个人步履匆匆。上班族喊赚钱不易,养家太难;当老板的感慨市场竞争激烈。压力太大几乎成了每个成年人的口头禅、心头病,在这种环境之下,如果回到家中还带着工作情绪,肯定要影响到家庭生活。

学着尽量带给家人快乐、轻松,而不是一张冰冷的脸。

李平到一个朋友家做客，出了电梯，赫然见门上挂了一方木牌，上头写着两行字："进门前，请脱去烦恼，回家时，带快乐回来。"进屋后，见男女主人一团和气，两个孩子大方有礼，一种看不见却感觉得到的温馨、和谐，满满地充盈着整房间。李平问及关"木牌的故事"时，女主人笑着望向男主人："你说。"男主人则温柔地瞅着女主人："还是你说，因为，这是你的创意。"女主人甜蜜地笑笑道："应该说是我们共同的理念才对。"

经一番客气的推让后，女主人轻缓地说："其实也没什么大学问，一开始只是提醒我自己，身为女主人，有责任把这个家经营得更好……而真正的原因，是有一回在电梯镜子里看到一张充满疲困、灰暗的脸，一双紧拧的眉毛，下垂的嘴角，烦愁的眼睛……把我自己吓了一大跳；于是，我开始想，当孩子、丈夫面对这样愁苦暗沉的面孔时，会有什么感觉？假如我面对的也是这样的脸孔时，又会有什么反应？接着我想到孩子在餐桌上的沉默、丈夫的冷淡，这些在原先意念里都认定是他们不对的事实背后，是不是隐藏了另一项我不了解的原因，而真正的原因，竟是我！当时我吓出一身冷汗，为自己的疏忽……当晚我便和丈夫长谈，第二天就写了一方木牌钉在门上以提醒自己，结果，被提醒的不只是我而是一家人……"

我们总是习惯自私地将包袱甩给他人，尤其我们的伴侣，其实对方本无义务承受。

"家"是一个硬件，"人"是发挥功用的软件。如果每个人都携烦恼与不快进来，一定是愁云惨雾。

当然，我们并不是告诉大家"报喜不报忧"。快乐与忧愁互相分享，互相分担，是家的功用之一；但分担的意义是通过沟通达到目的，而不是成天绷着脸，将心中怨气，毫无道理地扔给其他人，或是老觉得别人对不起自己。

沟通，对双方而言是必要的，有话坐下来好好地讲，这样伴侣才能知道你的想法，也帮你整理思绪、稳定情绪。

切忌什么事都埋在心底，却暗自期望别人了解，而当别人不明白，又萌生失望而伤感，将怨气由其他方面宣泄出来，弄得别人一头雾水，自己一肚子气。这种"闷葫芦"型人是给自己找气，也让别人受气。

家，应该是最舒服、安全、稳定、快乐的地方，但是，这需要二人一起努力共同经营才会形成。

下次，回家时，请先对自己说："扔掉烦恼，带快乐回来。"

第11章

测测你的情商：
看看你的情商有多高

第1节　情商测试的方法

情商是很难评测的。事实上，一些心理学家对情商的可测试性产生怀疑。但是，一些人又相信情商是可以评测的，只是还有一些困难需要克服。评测情商最简便的方法是通过所谓的自陈测试，但这种方法也是最不可靠的一种。在进行这种自陈测试的时候，他或她会被问及有关能力、技能和行为方面的问题。例如，就情商来说，此类测试会问及有关识别情感、理解情感等方面的效率。而这样做的依据就是人们能够正确地评价他们自己的技能和能力。

然而，对于这种假设的依据，这里还存在一些问题：

人们通常会夸大他们自己的成功而隐藏他们的缺点，由此，自陈测试常常会提供一个大于他自身能力或技能的评估结果。

即使在测试中人们能够做到非常的诚实，但他们常常缺乏洞察力。这就意味着，人们不仅仅在他们的回答中隐藏了真实的东西，而且在一些情形下，他甚不知道事实到底是怎样一回事。

鉴于以上两个原因，虽然自陈测试有一定价值，但不能作为测试情商的唯一方法来使用。

"多评估者测试法"是一种可以解决上述这些问题的方法。在这个测试方法中，不仅要求他们自己回答这些行为方面的问题，而且还要求认识他们的人来回答。因此，平时他或她表现如何可通过其朋友、同事或家人来进行衡量。这种多评估者问卷调查有两方面的优势。第一个是其他人不会像本人那样隐藏他们的缺陷，而用讨人喜欢的信息来描绘他。另外一个优势就是其他人会站在一个较为公正的立场上来证明和正确评价该人在社会交往中的能力。

最后一种方式是运用实践行为测试来评测情商。"实践行为测试"并不是要求被测试者汇报他们的典型行为，也不是要求其他人汇报被测试者的行，而是向被测试者提出实践问题，要求他们给出恰当的解决方法。因此，这些测试要求你对那技能进行现场证实，而不是要求你汇报你的情商技能有多么的好。这些测试题与自陈测试及多评估者测试中所使用的问题有所不同，它们不易解答，而且这些测试题的编制也非常困难。

目前，获得广泛认可和运用的情商评测方法是利用商业手段。就是说，进行测评、得出评价需要花销，通常是一笔为数不少的费用。因此，主要是大型机构采用这种评测方式，而不是个人。在这些测试中，有些是纯粹的自陈测试方法，有些则是多评估者测试方法，有些也包括实践成分。

最具有代表性的是商业手段，这是多年发展的结果——包括测试、改进和证明——这些的代价都是非常高的。在测试中投入的时间和努力通常是相当昂贵的，因此，不会被普通人所采用。但是，普通人怎样来评测他们自己的情商水平呢？

到目前为止，个人评测还是非常困难的，甚至是不可能的。所以，本章的目的就是为了解决这个问题。本章的核心是一系列的测试，这些测试题是为了解决个人评测而专门制定的，主要用于评测构成情商的不同技能和能力。这也是第一次使每一个人都能有机会依据得分与解释部分来评测情商。

第2节　情感识别能力测试

◆ 识别情感状态

情商最基本的要素是能够正确地识别情感状态。理由非常简单：如果没有能力识别情感状态或不能区分不同的情感状态，那么从本质上讲，这将使其他的技能都毫无用武之地。例如，如果你不知道调节什么，你如何才能成功地调节或控制情感呢？如果你不知道你的情感状态，你如何才能运用你的情感来提高你的成就呢？在小孩子能读能写之前，学习字母表是最基本的；同样道理，正确识别、分类和描述情感的能力是其他所有能力的基础，比情感运用更为重要。

请思考一下那些较为极端的例子，即那些完全不能识别情绪和情感的人，这样可更为形象地理解此观点。"情感难言症"是大家都知道的一种心理状态。这种心理状态就包括了失去描述或识别情感的能力。此种失调状态的典型特征就是无法向他人甚至他们自己描述他们的情感状态。对他们自己或其他人来说，通过某种方式（如语言）来表达个人的情感都是可行的。但他们看上去好像完全失去了用此方式来表达他们个人情感的能力。

正如你所想象的，此种失调状态会令这个人处于一种非常与众不同的境地。例如，"情感难言症"患者会产生生理上的变化（如神经质的发抖，心跳过速），但同时他们又完全不知道，这会使他们非常着急。他们观看伤感的电影，感到一种隐隐约约的厌恶感。这是一种伤心的感觉，但他们不能识别这种特殊的情感。尽管他们非常投入，但他们所产生的感觉可能会是害怕、愤怒、嫉妒或者妒忌等等。

显而易见，像这样的失调状态是非常不正常的，你未必会如此严重。但是，在如何正确识别他们的情感状态和这种日常情感变化方面，即使是正常人也是有相当大的不同。

情感识别是非常重要的，这一点非常明确。但迄今为止，我还没有关注到关键性的问题，那就是我们试图确定的情感定位。依据情商的相关理论，此类情感定位表现在以下两个主要方面：他人领域和自身领域。

一、自身的情感状态识别

对于无法识别自身情感这个问题，也许你会感觉非常奇怪。对于我们这些没有得过情感难言症的人来说，拥有和感知一种情感是再平常不过的事情了。当我们的情感非常强烈（如孩子的出生）或非常清晰（如获得一次意外地晋升）的时候，我们绝对都能轻而易举地识别这些情感状态，而且我们还可能多次地回忆这种情感状态。正因为这种情形容易回想起来，所以导致人们认为自己的情感很容易被识别。但是，这种想法可能并不正确。除了产生强烈而清晰的情感反应之外，有些情形激起的情感是相当轻微的；还有一些情形所激起的情感反应并不简单清晰，而是一种复杂的情感混合。在任何一种情形下，要正确鉴别你的真实感受是非常困难的。在这里，有些人往往比其他人做得要好。

为什么说识别自身情感状态的能力是非常有用的？这里有一些可能的原因和三个关键点。

1. 情感反映你的判断

情感是一种信息。因为，情感明确地告诉你如何来评价一些事物——比如人、事、形势、观点——对情感的正确理解说明了你拥有更多正确的评价信息。正确理解自己的情感会使你在喜欢什么，不喜欢什么或者好恶什么等问题上更富洞察力。

例如，试想一个面试官正在面试两名求职人员。在笔试部分，两人都表现出他们已拥有了必备的技能和经验。但在面试过程中，一个面试官对她自己的微妙感觉非常敏锐；在面试一个求职人员时，其感觉是肯定的，在面试另一个的时候，其感觉却是否定的。这个面试官甚至不知道是什么引发了自己的感觉，但这些感觉就是信息——这些感觉（也许很重要）说明了面试官对每个候选人的评价情况。而另一面试官不善于识别她自己微妙的情感状态，因此她就不能辨别这两种情感，也就有可能忽视这种信息。

正确识别自己的情感的重要性在于它反映了你的判断信息。然而，一旦你获得了这种信息，你如何处理它呢？

2. 情感为你的行为导向

在你获得了反映你判断情况的信息之后，这些信息将会向你暗示在特定情形下最恰当的行为方式。对你来说，许多情感都是一种信号，它引导你的注意力及你的力量运用；如果你不能正确地识别你的情感，那么你将无法采取最恰当的行为方式。例如，当我们使一些社会期望破灭时，那么我们的羞愧之感就是会出现,这是非常典型的一类;当我们令朋友们感到失望的时候（也许由于背信弃义）,或者给我们家庭带来耻辱的时候（也许是由于一个差得异乎寻常的发型）,我们也会感到非常羞愧。

这些不愉快的情感是一种信号,它表明一些破坏行为已经出现,然后促使你调整你的注意力,引导你努力采取措施来弥补所造成的损害。如果不能正确的对这些情感进行识别和分类,那么极有可能导致重要的弥补工作不被付诸实施,由此造成的社会损失可能会非常高。同样,焦虑的情绪则向你预示你应当警惕危险,嫉妒的情绪则预示你需要注意那些你可能认为理所当然的关系。在每个情形下,正确识别你的感觉是非常必要的,这样你才能聚焦于关键,然后采取正确的措施。

3. 情感的更大作用

正确认识自身情感状态是非常重要的,之所以这样认为,它的第三个原因是对自身状态的了解可能会带来其他一些有利的结果。例如,研究表明,能清楚了解自身情感状态的人所表现的沮丧和哀伤之情比那些不太了解自身情感状态的人要少得多。

另外一个研究表明,事实上,在承受巨大压力时,谁能更清楚地了解自身的情感状态,那么谁就能表现得更好。有一项研究针对那些在既热又满是烟的建筑内经历近似实战训练的消防员进行了考察,并对他们情感经验进行了评测。评测表明在那些近似苛刻的课目演练中,那些得分高的人比得分低的人思维更加明确,更不易被淘汰,更不易忘记他们的训练。因此,在各行各业中,对你自身的内在状态有一个正确的认识是一个非常理想的状态。

二、他人的情感状态识别

原先谈及的问题是识别自身情感状态的难度,这个问题看起来似乎有点奇怪;但当谈及识别他人情感的困难时,就一点也不会感到奇怪了。他人可能是非常难以了解的,特别是有时在你最想了解他们的时候（在打扑克牌时,在第一次约会时）;要想了解一个人的真正感受,在大部分情况下,其难度是非常高的。而且,既然正确识别自身情感状态是非常重要的,那么正确识别他人的情感状态也同样重要。证明这种情况的论据有很多,但在此我只强调以下两个方面。

1. 情感是信息

你自己的情感向你发出信号,告诉你最重视什么和最不重视什么;同样道理,他人的情感状态包含着相似的信息,即他们喜欢什么和不喜欢什么。因此,对他人情感的正确评价能为你提供正确的信息;一个不正确的评价则可能向你提供无用的，甚至是误导的信息。

当你思考这个问题的时候，你会发现：在社会生活中充满了错误判断他人情感的巧合（当我把一个新的花园用浇水软管作为我们结婚十周年纪念交给我的妻子时，她肯定已经在发抖了。你没看到她的脸正在变红，而且眼里噙满了泪水吗）。你遇到的这些巧合越少，你的社会生活就可能更和睦，更愉快。

2. 情感有利于达到你的目的

正确识别他人情感有利于你追求自己的目标。这一观点可以从诸多方面进行阐明。从最基本的层次上说，当与他人进行一对一的交流时，这种情况就会出现。例如，设想一个正在治疗病人的医生。他除了一些客观的数据如血压、心率、化验报告等之外，没有任何信息。他想确定病人的情感状态，病人是否担心？是否非常担心？是否疼痛？是否隐藏了他的情感状态？如果医生的诊断结果表明其病情非常严重，那么医生就必须正确地估计病人的情绪状态。病人能承受多坏的消息呢？医生应当如何控制诊断时间呢？下一步的咨询服务是否必要呢？对于医生来说，要有效地为病人服务，正确识别病人的情感状态可能是关键性的问题。在情感识别上的错误可能意味着一个错误的诊断，或者根本不需要的压力，或可能致使病人对治疗产生抵触，其后果可能会非常严重。

另一例子，设想一个女售货员试图使一个有购买想法的顾客相信她的产品（例如，一种新式的男用假发）。那么在说服顾客的过程中，估计客户的情绪状态具有重要作用。他是愉快还是恼火？他是否愿意更多地听取关于产品的介绍？是否他笑得很夸张而无法听进你的推销？从根本上说，所有的售货员都从事游说顾客的业务。在游说过程中，顾客的情绪是非常重要的因素。而事实上，正确识别他人的情感非常重要，很难想象有什么职业不需要具备这种能力。情感识别的作用并不局限于一对一的交流。正确识别他人的情感同样能为你提供概括的社交环境信息。与了解个人情感状态一样，了解一个较大社交圈子的情况也是非常有用的。例如，一个单位的新手，他想很快地知道谁是这里的主要角色，及他们彼此之间的关系。谁喜欢谁？谁是老板面前的红人？谁最受欢迎？谁不过是可交往的？重要的社交圈子是什么？尽管获取这类信息的方法不止一种，但一种基本的方法就是通过观察社会交往和通过在交往过程中正确判断人们的真实感受。

三、识别情感状态的方法

大家都清楚，正确察觉和识别情感具有非常重要的价值。但是如何才能做到呢？就是你如何进行情感状态的识别？就你个人情感来说，在识别情感状态方面，只需要集中你注意力就可以了。对我们大多数人来说，识别个人情感的最大障碍就是我们从来都没有认认真真地去关注过它们。

情感也许是一种信息，但它不是用我们所熟悉的语言进行交流得来的信息。相反，你的情感是通过出汗的手掌、心率的变化、肌肉的紧张和许多其他肢体信息来向你传达的。在感知自己的情感时，唯一的也是最大的因素是你意图阻止你情感的表露，而转为向内的隐藏，这样你就会更加真切地体会到这些情感信息。第六章介绍了一些技能，这些技能将提高你注意内心状态的能力和识别情感及情绪的能力。

对于识别自身感受，也许仅注意力就已足够。但当你意图理解他人的情感时，这个过程就会非常复杂。现在要理解他人的情感就更加的困难了：你必须运用一个可见的东西（如他人的行为和表现）来推知隐藏的东西（他们所感受到的东西）。在此过程中，有一个重要的途径——也许是主要的途径——就是通过理解他人的面部表情。心理学家已经花费了数十年的时间来研究面部表情、面部表情与情感之间的联系及我们从面部表情信息来推断他人情感状态的能力。这个研究至少得出了四个结论：

1．发现有相对较少的一些原始情感与特定的面部表情相联系。大部分研究者都同意六种或七种这样的情感：害怕、愤怒、高兴、惊讶、悲伤、厌恶和（如果可能的话）轻蔑。（当然，还有表达更多情感的可能，包括特殊情感的混合。）

2．全世界的人们在经历这些情感的时候，都同样倾向于运用这些面部表情。许多跨文化的调查结果证明了这样一个结论，即此六或七种情感的混合和面部表情是非常普遍的；相同的情感混合会出现在伦敦、莫斯科及新几内亚与世隔绝的岛屿上。

3．当我们判断他人的面部表情时，如果这些人与我们有相同的文化，那么这些判断都倾向于更正确。但尽管如此，人们从面部表情还是可以相当正确地判断出情感状态。

4．尽管推断情感状态的正确性通常是比较高的，然而不同的人在做这种推断的时候，其结果通常也是不同的。

面部表情信息不仅是一种非常有用的察觉他人情绪的方法。尽管运用其他信息来识别他人情感的方法还未普及，但相关研究已经在考查我们这个方面的能力了：如目标对象的声音信息、姿势信息、身体运动信息等等。但我们仍可以清楚地说当我们想推断他人情感的时候，面部表情信息具有非常特殊地重要作用。

测试一：识别自身情感状态的能力（自陈测试）

以下所述的每一项都表示你的一个状态。做题时，请务必诚实、坦率；只有你的回答是真实的，这个测试才有效果。请在试题前的选项中，选择与你实际情况相符合的选项填入各题前的方框中。（以后类似测试要求与此相同。）

a. 这丝毫没有真实地表达我（1分）
b. 这很少真实地表达我（2分）
c. 这有时真实地表达我（3分）
d. 这经常真实地表达我（4分）
e. 这总是真实地表达我（5分）

☐ 1. 我确切地知道我的感受。
☐ 2. 我不能向他人正确地描述自己的情感状态。
☐ 3. 我非常清楚地知道自己情绪的变化。
☐ 4. 在有情绪的状态下，我注意到自己身体的变化。
☐ 5. 我能说出我什么时候开始感到灰心或愤怒。
☐ 6. 其他人能比我更早地注意到我情绪的变化。
☐ 7. 我很少注意我内心状态（思想和感受）。
☐ 8. 我与我的感受相连。
☐ 9. 我对我所作出的情感反应感到惊讶。
☐ 10. 我发现我难以用语言来表达自己的感受。

计分方法：

请将第1、3、4、5、8题的回答得分相加，再减去第2、6、7、9、10题的回答得分，得出你的成绩。最后的成绩应当在 −20 和 +20 之间。

优秀 = 15 及以上
良好 = 10 至 14
一般 = 1 至 9
有待于提高 = 0 及 0 以下

测试二：识别他人情感状态的能力（多评估者测试）

在此，应当保证有至少一个了解你的人来回答以下关于你的问题，以完成这个测试。如果能有几个来共同完成这个测试，那当然更好。这样你就能更好地了解别人是怎样看待你的情商的。

a. 这丝毫没有真实地表达他或她（1分）
b. 这很少真实地表达他或她（2分）
c. 这有时真实地表达他或她（3分）
d. 这经常真实地表达他或她（4分）
e. 这总是真实地表达他或她（5分）

☐1. 当别人生气的时候，他或她能看出来。
☐2. 他或她善于识别他人的情感状态。
☐3. 当他人感到厌烦或不感兴趣时，他或她不能意识到这一点。
☐4. 当一个同事悲伤或沮丧的时候，他或她能够注意到。
☐5. 他或她会错误地理解情感领域发生的事。
☐6. 他或她能清楚地了解朋友及家人的情感状态。
☐7. 当老板心情特别好的时候，他或她发现的很慢。
☐8. 他或她不善于识别他人的情感。
☐9. 他或她非常注意他人的感受。
☐10. 他或她从不花时间来判断他人的情感。

计分方法：

请将第1、2、4、6、9题的回答得分相加，再减去第3、5、7、8、10题的回答得分，得出你的成绩。最后的成绩应在 −20 和 −20 之间。

优秀 = 16 及以上
良好 = 11 至 15
一般 = 1 至 10
有待于提高 = 0 及 0 以下

第3节　情感理解能力测试

◆ 理解情感状态

情商的第二个要素是理解情感状态的能力。这个要素的重要性要超过识别情感状态这个基础性要素；该要素强调的是对于情感的更多理解。同时，它也不仅是指对自身情感的理解，还包括对他人情感的理解。

当我们想运用情感因素在社会中进行更好的表现时，显然对于情感的完全理解——包括情感的起因、结果、发展和随时间的变化——是非常重要的。如果将识别情感的能力比作学习字母表，那么理解情感就可以比作对语言运用的了解——包括单词的含意、句子的组成、动词与名词的区别及其他有助于我们交流的知识。

那么，说我们"理解"情感，这个意思到底是什么呢？在这里，我们有多种方法来回答这个问题。当心理学家们将情感理解作为情商的一个基本方面来看待时，他们就已经对情感的三个不同方面进行了思考。让我再一次来说明一下有关情感的这三个不同方面。

一、了解情感的起因

要了解情感，第一个重要方面就是要了解引起这些情感的起因是什么。例如，一旦你对你现在的情感状态作出判断后，接下来的需要回答的问题就是为什么我会有这样的感觉。从某些方面讲，这个问题的答案与识别情感本身一样重要，甚至更重要。

让我们看一个例子：一个女考官正在面试申请人员。当她面试一个特定的申请人员时，她意识到了某种否定的感觉。这种感觉向考官提供了一些信息，但这些信息说明了什么呢？这些否定的感觉可能产生于一些表面的、不重要的信息——也许是因为申请者初看起来与其粗鲁的前夫长得很像。另外一方面，不安也可能产生于一些重要的信息——考官可能会对申请者在面试过程表露的诸如厌恶、愤怒或对考官缺乏尊敬等非语言暗示产生反应。在这种情况下，了解感受的起因是至关重要的：在第一个场合中，这种感觉与申请者的表现完全没有关系，如果申请者被聘用了，那么这种感觉极有可能被忽略；在第二个场合中，这种感觉意味着接下来会很麻烦，在最后的决定过程中，可能会成为不雇用此人的合理理由。

不论是你自己的情感，还是他人的情感，了解情感的起因都是有帮助的。尽管正确地识别你配偶在晚餐时表现的情绪非常重要，但了解这种情绪存在的原因可能更为重要。他生气是因为老板在工作上提出无理要求吗？还是因为汽车又坏了？或者是因为你说了什么，做了什么或没说什么，没做什么？显然，不正确的答案会影响这一特殊氛围的进一步发展。然而，通常的情况是，如果找不出问题的答案，那么情况可能会变得更糟。

二、了解情感的结果

第二个重要方面是了解情感可能带来的影响。简单地说，就是情感的结果。了解情感的起因非常重要，同样了解情感对于当事人具有怎样的影响也非常重要。例如，有一天，一个老师带着极坏的心情回到家中。原因可能是交通拥堵不堪、天气异常恶劣或因为有三个小孩掉队等等。通过行为，可以预见愤怒的情绪已经产生了一些通常不受欢迎的影响。除个别情况以外，愤怒会使我们更加暴躁，并且越发不易原谅别人。

如果这个老师对于情感的结果有个很好的了解，那么他可能会发现今天不适合批改他学生的作文；至少，他应当特别地告诫自己今天晚上给出的成绩不可避免地会苛刻一些。然而，如果这个老师对情感的结果没有一个很好的了解，那么他可能会在晚上批改作业，同时由于他学生的作业做得不好，他可能会变得更加愤怒。在这个事例中，正确了解情感的好处在于它能防止你一时糊涂，而做出一些不必要的、无法保证后果的事情来。

同时，正确了解他人的情感结果也是非常有用的。举一个简单的例子，当你的老板正在生气的时候，如果知道老板会怎么做，那么你就能避开他的怒气，并安慰他或者通过其他方式来减少由于老板的一时怒气所造成的消极影响（对你而言）。

情感的结果可能也是非常的微妙。例如，当得知一个朋友未能被提升后，你会正确的察觉到她的愤愤不平。但她的行为会造成什么样的影响呢？一个可能是她的愤愤不平会使她不安于本职，会使她在履行自己职责的时候变得敷衍了事。她的工作可能从此开始出现一些错误；她可能会忘记一些工作的截止期。这些行为并不像一个生气的老板在发怒一样引人注意,甚至根本不会被其他人注意到,至少一开始不会被注意到。但如果有人对情感的结果有一个很好的了解的话,这些行为反应是完全可以预见和识别的。

三、情感是如何起作用的

在讨论情感是如何起作用的之前,让我们先暂停一会儿,好好地考虑一下你了解他人情感时所使用的方法——即你如何来确定他们感受的起因和影响。

识别你自身情感状态的基本方法是将注意力集中在你的内心世界,这样才能更好地注意到你的情感变化。为了更加正确地了解他人的情感状态——起因和结果——你需要具备注意你周边环境的能力和意愿。特别是如果你想更好地了解情感是如何影响他人的,那么你就必须要从他人的角度来看待事物——想象他们的感受如何,他们正在想着什么。简单地说,能够进行换位思考对于深层次地理解他人的情感是非常有帮助的。

这样做的效果有多大呢?就是说,现实中进行换位思考对了解他人有多大的帮助呢?要回答这个问题,让我们举一个非常普遍的心理学现象:即在解释自己的行为时,人们通常倾向于采取的方式与旁观者所采取的方式不同。它的意思简单地说就是:我们应该更多地从客观因素来看待我们的行为,而不是从主观因素;而旁观者则恰恰相反,常常将我们的行为归因为我们的性格和脾气。

例如,今天早上上班迟到了,我倾向于从客观因素方面解释原因——我的闹钟没响,交通太拥堵,车里又全是蜜蜂等等。相反,同事则更倾向于从主观因素方面来解释我的行为——懒惰,没有责任感或者缺乏组织纪律性。这是一个非常常见的现象,说明当旁观者在判断他人的观念时,他们通常是不正确的。我强调是客观因素导致我的行为结果,但同事们并不承认这些客观因素,他们所注意的是主观因素。然而非常有趣的是,当旁观者被要求判断他人观点的时候——他们会运用换位思考的方式——他们会从更为客观的角度来解释其他人的行为。简单地说,换位思考可有效地使旁观者从他人的角度来看待社会。

通过换位思考的方式,可以帮助你更好地了解他人的情感。例如,你的老板正在发脾气,一个判断结果的好方法就是想象一下她是怎样想的。如果是你在生气的时候,一个职员来要你帮忙,你会是什么样的感觉?是高高兴兴地去帮忙,还是会为了一个贫穷而懒散的下属而更加生气呢?在这个事例中,完全了解情感结果的关键在于你不是通过你的视角,而通过他人的带有偏见的视角来进行的——总之,就是通过换位思考来看待这一原本正常的请求。

在一些特殊的事例中，了解情感的第三个重要方面与情感的起因和结果的关系并不很紧密。就是说，它更像是对情感如何起作用的理解。例如，除了正确了解老板今天生气的原因外，还包括对一些常识的了解，如通常什么样的因素会引发什么样的情感。它包括了一些常识性的信息，如"快乐常常来自意外的好运"、"对手神秘的成功常常会带来嫉妒"等。从某种程度上说，这种能力更像是一种情感理论而非特例。当你与不熟悉的人共处同一个新的环境时，如果你具备了这样一种了解情感的能力，那么将会大有好处。

近年来，通过在社会心理学领域的进一步研究，发现这样一个奇怪的现象，就是通常人们无法预测一个感情事件会对他们产生多大的影响。例如，假设我们中了1000万的彩票，要让我们预测这种积极的情感有多强或这种情感会持续多久时，大部分人都会有过高的估计。我们倾向于认为我们的快乐要比现实当中所表现出来的更为强烈，这种快乐持续的时间也要比现实中更为持久。当我们预测对否定事物的反应时，同样也会出现类似的过高估计。这种倾向暗示了这样一个情况，即在通常情况下，我们会基于一个不完善的假设来作出判断——特别是，在发生了不幸事件后，我们通常会认为这种感觉非常糟糕，而且持续时候会很长；但在现实中，这种感觉并没有想象中的那么糟糕，持续时间也没有那么长。

例如：一个中年的心理学者，他正在思考一个令人讨厌的医疗程序，但这个程序又是被推荐使用的（假设是用于检查癌症的一种可视结肠镜检查）。他会认为这种医疗程序即不舒服又令人尴尬，而且对于病人而言，这种令人讨厌的感觉会持续很长一段时间，但现实中并没有他想象的那么严重。事实上，他的过高估计可能导致他根本不按照这个程序来执行。只有当我们假定的这个心理学者对情感是如何起作用这个问题有了很好的了解后——特别是确切地认识到，在现实中情感消退的速度远比我们想象的要快——这样才能帮助他作出一个明智而长远的决定。

在了解情感状态这个领域中，有一些与情感有关的洞察力——即知识，有意识或无意识的，关于情感是如何起作用的知识，这些知识在正确理解情感机制方面是一个非常重要的因素。

当我们将了解情感的三个方面结合起来运用的时候，其作用是非常大的。如果一个人不仅了解情感的起因和结果，而且还了解情感是如何起作用的，那么他通常会比其他人更清楚地把握"整个大局"。例如，这些人具有一个非常重要的优势，这个优势就是他们能更好地预测自己的行为——即使这些行为微不足道——从情感上会对周围的人造成一个怎样的影响。比如，有时我们必须作出一些不受欢迎的决定，这些决定会令其他人感到失望；但是如果我们很好地了解了情感的起因和结果，那么我们就会更加注意如何来作这些决定，并与他人进行沟通。

以一种生硬的、严肃的方式来传达一个坏消息，它可能会引发严重的愤怒与怨恨，比这个坏消息本身所引的危害还要严重。如果以另外一种方式来传达这个坏消息——解释作出这个决定的原因，表明这个决定对我们来说都是很难接受的——可能会大大地降低他们的愤怒程度。在这个例子中，换位思考可能会特别有效，它会使我们想想该如何解释我的言词与行为。

拥有一个大局观是非常有益的。在一定的组织范围内——由一个或两个以上的个人组成，该范围内的整体情感状况会变得复杂起来，但对情感过程的深入了解有助于我们认清整体的情感状况。

例如：看清整体的情感状况有利于我们找出什么才是最重要的问题，对于整个组织来说什么才是最有价值的。这也使我们对此产生了一些疑问。例如：

在这些员工中，什么样问题会激起强烈的反应？

这些问题是否是普遍存在的？

同样的问题对公司领导层和普通员工是否同样重要？

他们对公司内部的有关派系和组织的感受反映了什么？

如前所述，情感是一种信息。但对于深入了解情感的人来说，它并不仅仅是一种信息，还是一种强有力的工具。

测试三：理解你自身情感起因的能力（自陈测试）

a. 这丝毫没有真实地表达我（1分）
b. 这很少真实地表达我（2分）
c. 这有时真实地表达我（3分）
d. 这经常真实地表达我（4分）
e. 这总是真实地表达我（5分）

☐ 1. 当我感到伤心或沮丧的时候，我能找出原因。
☐ 2. 我对影响我情绪的因素非常敏感。
☐ 3. 我能预见和了解我的情绪。
☐ 4. 我对我的情绪感到很困惑。
☐ 5. 我对自己情绪的起因不是很了解。
☐ 6. 我能够为自己的情绪找到理由。
☐ 7. 当我感到紧张时，我无法将自己的感受用语言来表达。
☐ 8. 当我的情绪发生变化时，我无法确定是什么原因。
☐ 9. 我想了解我之所以那样做的原因。
☐ 10. 我并没有花许多时间去了解我情感的起因。

计分方法：

请将第1、2、3、6、9题的回答得分相加，再减去第4、5、7、8、10题的回答得分，得出你的成绩。最后的成绩应当在 −20 和 +20 之间。

优秀 = 15 及以上
良好 = 10 至 14
一般 = 1 至 9
有待于提高 = 0 及 0 以下

测试四：理解他人情感起因的能力（多评估者测试）

a. 这丝毫没有真实地表达他或她（1分）
b. 这很少真实地表达他或她（2分）
c. 这有时真实地表达他或她（3分）
d. 这经常真实地表达他或她（4分）
e. 这总是真实地表达他或她（5分）

☐ 1. 他或她善于理解他人情感的起因。
☐ 2. 他或她能够发现他人为什么感到沮丧。
☐ 3. 他或她很难理解他人情感的复杂起因。
☐ 4. 他或她无法解释同事的情感起因。
☐ 5. 他或她无法说出他人感到气愤的原因。
☐ 6. 他或她非常善于发现他人情感变化的原因。
☐ 7. 他或她不善于理解他人心情好的原因。
☐ 8. 他或她能够理解他人情感的微妙起因。
☐ 9. 他或她难以理解为什么他人会变得嫉妒。
☐ 10. 他或她热衷于了解他们朋友的情感起因。

计分方法：

请将第1、2、6、8、10题的回答得分相加，再减去第3、4、5、7、9题的回答得分，得出你的成绩。最后的成绩应在 -20 和 +20 之间。

优秀 = 5 及以上
良好 = 1 至 4
一般 = -4 至 0
有待于提高 = -5 及以下

测试五：理解你自身情感结果的能力（自陈测试）

a. 这丝毫没有真实地表达我（1分）
b. 这很少真实地表达我（2分）
c. 这有时真实地表达我（3分）
d. 这经常真实地表达我（4分）
e. 这总是真实地表达我（5分）

☐ 1. 我知道我的情感会对我的待人接物产生怎样的影响。
☐ 2. 当我感到担忧的时候，我非常了解这种担忧将会对我的表现产生怎样的影响。
☐ 3. 我非常了解我的情感会对我的行为产生一个怎样的影响。
☐ 4. 当我发脾气的时候，我不知道它会对我产生什么样的影响。
☐ 5. 当我感到受挫的时，我马上会在行为上表现出来。
☐ 6. 即使我对当时的情感非常清晰，但我仍然不知道接下去将会怎样。
☐ 7. 一个好心情不会对我的判断和行为产生丝毫的影响。
☐ 8. 如果我早晨的心情不好，那么我能预见今天将会是什么样子。
☐ 9. 我并不是很了解我的情感会对我的行为产生怎样的影响。
☐ 10. 当我的怒气上升的时候，我不知道它会对我的行为产生怎样的影响。

计分方法：

请将第1、2、3、5、8题的回答得分相加，再减去第4、6、7、9、10题的回答得分，得出你的成绩。最后的成绩应当在 −20 和 +20 之间。

优秀 = 15 及以上
良好 = 10 至 14
一般 = 1 至 9
有待于提高 = 0 及 0 以下

测试六：理解他人情感结果的能力（自陈测试）

a. 这丝毫没有真实地表达我（1分）
b. 这很少真实地表达我（2分）
c. 这有时真实地表达我（3分）
d. 这经常真实地表达我（4分）
e. 这总是真实地表达我（5分）

☐ 1. 当我看到一个朋友生气的时候，我能很容易地推测出他的情绪将会对他的行为产生怎样的影响。

☐ 2. 一旦我了解了他人的情感状态，我就能知道他们会怎么做。

☐ 3. 当我的朋友有情绪的时候，我对他们的行为方式感到非常惊讶。

☐ 4. 我非常了解情感会对人们产生怎样的影响。

☐ 5. 即便这时我同事的心情非常好，我仍然无法确定他们的行为将会怎样。

☐ 6. 当某人对某事感到内疚时，我能推测出他们情感与行为的反应。

☐ 7. 我不是很了解强烈的情感会对他人产生怎样的影响。

☐ 8. 当我知道我的一个朋友产生猜疑的时候，我没有把握判断这种猜疑会对他们产生怎样的影响。

☐ 9. 我知道一个人的情绪会对他们的思想和行为产生怎样的影响。

☐ 10. 我认为他人的情感不会对他们的行为产生很大的影响。

计分方法：

请将第1、2、4、6、9题的回答得分相加，再减去第3、5、7、8、10题的回答得分，得出你的成绩。最后的成绩应当在－20和＋20之间。

优秀＝15及以上
良好＝10至14
一般＝1至9
有待于提高＝0及0以下

测试七：理解他人情感结果的能力（多评估者测试）

a. 这丝毫没有真实地表达他或她（1分）
b. 这很少真实地表达他或她（2分）
c. 这有时真实地表达他或她（3分）
d. 这经常真实地表达他或她（4分）
e. 这总是真实地表达他或她（5分）

☐ 1. 他或她能够通过他人的行为来理解这个人的情绪。

☐ 2. 他或她知道一个沮丧的人会有怎样的情感和行为。

☐ 3. 他或她不善于通过他人的情感来判断这个人的行为。

☐ 4. 他或她不知道他人的愤怒将对他这个人的行为产生怎样的影响。

☐ 5. 他或她很难了解他人的情感状态会产生怎样的行为。

☐ 6. 他或她对他人情感和行为之间的联系非常了解。

☐ 7. 他或她并不善于发现强烈的情感会对他人产生什么样的结果。

☐ 8. 他或她能够判断出他们朋友的情绪将会对他们产生怎样的影响。

☐ 9. 他或她试图去了解他人情感和行为之间的联系，但是他或她对此很困惑。

☐ 10. 他或她常常花很多精力去理解他们朋友的情绪会对行为产生怎样的影响。

计分方法：

请将第1、2、6、8、10题的回答得分相加，再减去第3、4、5、7、9题的回答得分，得出你的成绩。最后的成绩应在−20和+20之间。

优秀 = 16及以上
良好 = 9至15
一般 = −4至8
有待于提高 = −5及以下

第4节　情感调节和控制能力测试

◆ 调节和控制情感

到目前为止，我们所讨论过的情商要素大都具有一定的"被动"特性。这些识别与了解情感的技能非常的重要，但这些技能不需要我们怎样去处理这些情感。这并不是说识别与了解情感不需要努力，只是从本质上讲，这些技能只在某些方面对我们在日常生活中遇到的情感起作用。

情商的第三个要素——调节和控制情感的能力——比先前讨论的被动型要素要重要得多。随着这类情商要素的深入介绍，你将发现你所能做的不仅仅是识别情感和了解它会起什么样的作用，你还能够运用情商来对你的情感进行某种程度的调节和控制。

在我们的讨论中，这将是一个转折点。这种调节情感的能力使我们在情感生活和社会生活中拥有适应性。你无需去接受那些强加给你的情感状态，你可以主动地去改变和调节这种状态。由此，成功控制情感的能力将会为你带来许多重要的、积极的成果。在这些成果中，有些来自于你调节自身情感的能力，有些则来自于你调节他人情感的能力。所以，让我们分别来考察一下这些可能性。

一、调节我们自身的情感

在许多方面，一个人成熟的标志就是他们的自控能力——控制他们的希望、愿望、冲动和情感，而不是被控制。缺乏这些能力的人常通会被贬为：不成熟、冲动、缺乏理性、目光短浅、孩子气等等。自然，在一些激动人心的场合，大部分人都可通过情感来控制。然而，对于情商高的人来说，即便是一个非常不寻常的场合，在大部分时间里，他们也能够很好地控制他们的情感来保持其自控能力。这种自控将带来许多好处。

1．控制紧张度，确保最佳表现

第一个好处，也是最明显的好处：调节情感的能力可使你有效地控制紧张度，以此来确保你的最佳表现。众所周知，紧张与行为表现之间的关系显而易见是一种U型结构关系。当紧张度处于最低和最高时，行为表现通常不好。而行为表现最好的时候，通常是在紧张度适中的时候。在大部分情况下都需要调节情感，当然问题不是在于不够紧张，而是在于过度紧张。

这让我们很容易想起一些激动人心的例子。在这些例子中，控制你的情感紧张度是非常重要的。战场上的士兵绝对不能以高度的紧张状态来执行他们的任务；在危机时刻，航空管制员绝对不能因紧张而妨碍他们抓住稍纵即逝的时机作出又生死攸关的决定；如果孩子受伤严重，那么作为父母绝不能因害怕而陷入恐慌，妨碍他们采取必要的措施，进行恰当的护理。即使是在一些不重要的场合，你也经常需要对自己的情绪进行一定的控制，以防止过度紧张。学校进行一次重要考试，工作中一项至关重要的简报或者给予某主考官以深刻印象都要求你思维清晰、表现出众。而这些都决定于你的紧张度是否保持在适当的程度。

2. 在挫折与诱惑面前坚定立场

情感调节的另一个好处在于它会使你在挫折与诱惑面前坚定立场。强烈的干扰会成为破坏你良好心愿的因素之一。例如，也许你对你的饮食有着严格的限制，但突然之间，刚烤出来的桂肉小面包——热乎乎的，上面覆盖着一层白色甜糖浆，当你盯着酥软的小面包时，阵阵香气扑面而来——可能会使你改变想法！在这个例子中，干扰是想去吃可口的小吃。如果这种想法足够强烈，那么这种想法可能使你为了一时的高兴（如果是值得高兴的）而放弃原本所坚持的目标。

有时，这种干扰并不是期望得到什么诱人的东西，而是期望停止做那些原本无聊的事。从医学或审美学来讲，一个经常性的训练可能是一个重要的目标，但对许多人来讲，训练本身是无聊的。总之，训练并不有趣，而是令人厌烦的。在这个例子中，干扰是期望做一些事——任何事——只要不是训练。而且，如要这种感觉不受控制，那么这种感觉就可能会结束这些训练计划。大量的固定健身自行车和踏车放在卧室和地下室中，积满了灰尘和蜘蛛网，这足以说明调节情感是非常困难的。

如果想坚持既定的行为计划，那么调节情感的能力将是必须要具备的。在第一个例子，威胁来自于诱惑；第二个例子，威胁来自于厌烦。但这两个例子所存在的问题是相同的：有些干扰所导致的行为在短期内是令人愉快的，但长远来看是有害的。如果要想防止这样的情况发生，那么就必须要抵制住干扰。

3. 抑制挑衅的负面影响

调节情感还有一个好处，就是它能帮助你抑制由于他人挑衅而引起的负面影响。当你被他人激怒后，你会作出某种反击。这种反击就是影响人与人之间冲突发展的重要原因之一。不幸的是这种挑衅的种类和数量非常之多——我们似乎从来都没有尝试过所有侮辱、怠慢、毁约、失约、欠考虑的评论、轻率的行为、讽刺、嘲弄等等的负面影响。当受到他人此类不礼貌对待后，我们未经考虑的第一反应通常是"以牙还牙"式的报复。（"我妈才不像你说的那样性子急得像獾呢，我看你们一家子的性格慢得跟爬虫一样，如果不是把人吓着，就会让人觉得很可笑的。"）这种反应方式的结果是可想而知的。报复的举动通常会造成冲突的进一步扩大，同样也会使一个原本很小的争执逐步演变成为一个非常严重的冲突事件。

当然，还有其他一些回应挑衅的方法。这些方法可以取代直接的、冲动的报复行为。对此种否定消极的反应进行限制，以更加积极的方式来替代它。你可以通过沉默或运用幽默来调节情绪，或者寻找乍看起来引起挑衅的原因，而不是通过"以牙还牙"的方式。此种积极反应方式的好处在于能够避免事态的进一步恶化，增加避免全面冲突的可能性。此种反应方式的缺点在于它是非常难以做到的。我们最初的情感反应可能非常强烈；最初的挑衅会激起直接的、冲动的、激进的情感反应，但调节情感的能力会使当事人采取理智的、积极的情感反应。

4. 坚持正确的行为，不为外界所影响

情感调节还有其他的一些好处，但在此我仅再介绍一个——这个好处与前面所讲述的好处相比不是那么明显：情感调节易于使我们采取一些正确的行为，但这些行为也许不受他人欢迎。其中一个最大的障碍是我们按照个人的标准和理想来行事，但有时这些行为可能会与他人的意愿相冲突。如果这样的情况发生，那么我们就会遇到很多的反对。在同伙中出现这样的情况比遭到社会的反对还要糟糕。例如，一个青年对同龄人的抽烟和喝酒感到很有压力，所以他试图坚持他个人的行为标准，但是社会压力迫使他放弃他的行为标准。如果没有能力调节由社会反对所带来的消极情绪，那么这种消极情绪就会占据主导地位，使你放弃你的正确行为。

5. 如何来调节你的情感

调节自身情感所带来的优势是非常明显的：在这里你还是非常幸运的，你还可以利用多种方法来帮助你对情感进行调节。尽管稍微有一点单纯化，但我认为还是可以将其分为5种主要方法。这些方法十分常用。如果能在适当的时机，通

过适当的途径来运用这些方法，那么每一种方法都可能是有效的，只是通常一些方法会比另一些更有效一点。

（1）抑制的方法

一个非常直截了当的方法就是抑制。当不愉快的情绪出现的时候，可以使用抑制。这种方法包括了强忍或压制这种不愉快情绪、控制或消除任何外在的情感表现，通常是通过深思熟虑的、有意识的努力来排除这些不必要的情感。当你发现你的情感表现与某个场合不相称的时候，这种方法尤其有效。例如，在葬礼上，忍住笑声通常是一种好的方式。然而，使用抑制的方法也需要付出一些代价。研究表明，使用这种方法会比其他方法需要更多的努力。由此，一方面当我们使用这种方法的时候，我们的注意力和记忆力可能会承受更大的影响；另一方面，抑制的方法可能会导致生理上的更大压力。

（2）认知上的重新评价

第二个调节方法是认知上的重新评价。这是一个常用的方法，它包括几个特殊的方法，但他们的共同特点就是通过一些方法，从精神上来改变某种形势，以此形成一种更加令人满意的情感状态。例如，某人将要参加一项重要的考测，但她告诉自己这仅是一次"测试"，它仅仅是衡量了她一个方面的知识，而并不能全面地衡量她的所有能力。通过这种控制自己的情感方式，她大大降低了她的紧张程度。同样，一个人没有得到预期的晋升，他会告诉自己考察晋升所用的方法是有缺陷的，并没有认识到他所有的实力，所以这个晋升决定并不代表他对于公司的价值。

事实上，认知上的重新评价可以改变你对某一情形的理解，由此改变你的情感结果，可能成功，也可能失败。但无论是事前（如前所述的考测事例）还是事后，当那个雇员对晋升决定进行重新评价时，就会对情绪进行非常有效的调节。非常有趣的是，通过将抑制方法和认知上的重新评价进行直接的比较，你会发现重新评价能够带来与抑制相同的好处（在某些情况下，好处可能会更大），但不会带来类似于抑制所产生的那些消极影响。

（3）转移注意力

在这种方法中，你可以将注意力从那些使人感到悲伤的因素方面转移到较为积极的方面，以此来调节那些消极的情感。例如，一个人使用这种方法后，将他的注意力集中于他的工作之上，所以在家中还是保持着高度的紧张状态。同样，一个正要拔牙的人也可能使用这种方法——比如，他们可以回忆近期在美丽的加勒比海滩度假时的美妙时刻，以此来分散注意力，使你不再注意那些尖锐的钻机声，不再注意那些放在盘子上若隐若现、使你心惊胆战的锋利器械。

（4）制定积极的计划

在这种方法中，你可以针对情感起因制定特殊的计划来控制你的情感反应。比如，某个人因为严重的经济困难，而感到非常的焦急。对此，他可以制定一个全面的计划来减少不必要的支出，可以防止信用卡债务的进一步增加，也可以执行一个严格的周预算等等。

也许你会认为积极的计划通常应是一个好的战略，不仅可以进行短期的情感调节，还能很好地进行长期的情感调节。这种方法最大的缺点是它不适用于所有的场合。有时，在一些需要情感调节的场合（例如，迅速地把你受伤的小孩送到急诊部）并不需要一个长期的解决方案。

（5）寻求帮助

最后一种方法在某种程度上和制定积极的计划有点相似。在这种方法中，你可以通过向他人寻求帮助来进行情感调节。帮助可以是现实的、具体的帮助，如金钱、物质或努力。作为选择，在这里寻求的帮助是由情感帮助组成的而不包括任何物质的东西。这种方法与制定积极的计划相类似，这两种方法都有助于你解决那些带来苦恼的问题，而不是用于压抑情感、重新评估形势或者转移你的注意力。

二、调节他人的情感

尽管调节你自己的情感不能算作是一种简单的活动，但在如果对于调节他人的情感来说，调节自身情感还是相对简单的。当你试图控制自己的心情和情绪时，你的优势在于可以直接控制你自己的行为。对你来说，有时放弃桂肉小面包或按计划进行训练是非常困难的，但你想影响的行为最起码是你自己的。想调节他人的情感可能会更加困难，因为你不能直接控制他们；你只能通过你的语言和行为来对他们产生间接的影响。如何才能做到呢？

对他人情感进行调节的一个最普通场合是当你开导或安慰他人的时候。我们都有这样的经历，当朋友或爱人承受巨大的压力或受恐惧、焦虑影响时，我们都试图去帮助他们。同样，我们也都曾经安慰过一个正在发脾气的人。对于正在经历此类消极情感状态的人来说，是非常令人烦恼的，对于我们来说也同样如此；因此，安慰那些正在经历着消极情感状态的人，使他们平静下来，这样的能力是非常有用的。

同样，有时你会发现当他人感到悲伤或沮丧的时候，有必要对他们进行激励或鼓励。在这个事例中，目的并不是要使他们平静下来——情感沮丧的人通常是已经相当平静了。在这种情况下，目的恰恰相反——不是为了使他人平静下来，而是要提高他们的情绪、热情和活力。但无论如何，情感调节仍然是其目标，所以某些运用于安慰的方法仍是适用的。例如，幽默可能帮助一个正在生气的人平静下来，也可以激励一个正处于悲伤之中的人，也可以安慰一个正处沮丧之中的人。不论是安慰一个正感到忧虑的朋友，还是鼓励一个心情沮丧的朋友，向他表示同情和提供精神支持都是非常有效的。

　　第三个调节情感的方法与前面两种有某种程度上的不同——它包括激发他人或团体的兴趣和热情。在这个方面，其目的不是减少消极情绪或增加积极情绪，而是提高工作热忱和处理解决存在难题。当他人不断地遇到失败或挫折时，这种方法尤为有效。这种形式的情感调节比先前两种具有更强的目的性。

测试八：调节自身情感的能力（自陈测试）

a. 这丝毫没有真实地表达我（1分）
b. 这很少真实地表达我（2分）
c. 这有时真实地表达我（3分）
d. 这经常真实地表达我（4分）
e. 这总是真实地表达我（5分）

☐ 1. 当我的情感趋于强烈时，我善于控制情感。
☐ 2. 我的理智无法战胜情感。
☐ 3. 我发现我的情感非常强烈，甚至能左右我的行为。
☐ 4. 我非常生气，以致不能控制我自己。
☐ 5. 我可以保持情绪的稳定。
☐ 6. 当我不快乐的时候，谁都能看出来。
☐ 7. 我能熟练地控制我的情感。
☐ 8. 我的脾气无法控制。
☐ 9. 我密切注意并掌握我的情绪。
☐ 10. 我能在很长的时间内都保持一个好心情。

计分方法：

请将第1、5、7、9、10题的回答得分相加，再减去第2、3、4、6、8题的回答得分，得出你的成绩。最后的成绩应当在 −20 和 +20 之间。

优秀 = 11 及以上
良好 = 3 至 10
一般 = −4 至 2
有待于提高 = −5 及以下

测试九：调节他人情感的能力（自陈测试）

a. 这丝毫没有真实地表达我（1分）
b. 这很少真实地表达我（2分）
c. 这有时真实地表达我（3分）
d. 这经常真实地表达我（4分）
e. 这总是真实地表达我（5分）

☐1. 当他人生气的时候，我善于使他们平静下来。
☐2. 当我的配偶感到沮丧的时候，我能使他或她高兴起来。
☐3. 当我的朋友感到压力大的时候，我没有办法帮他减轻压力。
☐4. 当同事感到灰心失望的时候，我知道怎样鼓励他们，恢复他们的雄心壮志。
☐5. 当他人感觉不愉快的时候，我不是很善于使他们高兴起来。
☐6. 我善于妙用幽默来化解尴尬场面。
☐7. 当我想安慰一个正在生气的人时，事情总是会变得更糟。
☐8. 当他人感到沮丧时，我不知道应该对他或她说些什么。
☐9. 我发现激励他人是一件不容易的事情。
☐10. 当我的两个朋友发生争论的时候，我总是能将他们化解。

计分方法：

请将第1、2、4、6、10题的回答得分相加，再减去第3、5、7、8、9题的回答得分，得出你的成绩。最后的成绩应当在 −20 和 +20 之间。

优秀 = 15 及以上
良好 = 10 至 14
一般 = 1 至 9
有待于提高 = 0 及 0 以下

测试十：调节他人情感的能力（实践行为测试）

1. 你的一个朋友向你谈到她对于一些个人问题感到非常心烦意乱。以下各项中可有效降低这种情绪的方法有：
   a. 向她提出解决问题的建议　　　　b. 毫无反应地听着
   c. 倾听并鼓励她继续讲下去　　　　d. 告诉她一切都会好起来的

2. 几天来，你的一个同事一直都很伤心、沮丧。以下各项中可有效缓解他情绪的方法有：
   a. 问问他为什么感到伤心
   b. 告诉他要摆脱这种情绪，迅速振作起来
   c. 邀请他参加你们的一个他喜欢活动
   d. 告诉他当你感到沮丧的时候，通常会持续多长时间

3. 最近，你和你的雇员们工作得非常努力，你希望能改善在工作中的气氛。以下各项中可帮助你达到这个目的的有效方法有：
   a. 带一些小甜饼和面包去上班　　　b. 要求你的雇员们振奋起来
   c. 给他们讲一个新的笑话　　　　　d. 对老板进行讽刺

4. 因为你忘记了你所承诺的一件重要事情，所以你的配偶对你非常生气。以下选项中可有效降低你配偶怒气的方法有：
   a. 躲避你的配偶，直到这件事情过去为止
   b. 提醒配偶在你忘记这事的时候，你是处于怎样的境况
   c. 向你的配偶道歉
   d. 承诺以后不会再犯类似的错误

5. 你的助手非常有技术和有能力，但他或她不是很主动。以下各项中可有效提高助手主动性的方法有：
   a. 称赞助手的技术
   b. 告诉助手你是怎样评价他或她的技术和能力的
   c. 告诉助手要主动，否则会被解雇
   d. 建议助手提前一点来上班

6. 随着一项工程期限的临近，你的老板变得越来越苛刻，一个同事向你谈及他的压力非常的大，而且感到非常不安。以下各项中可有效缓解同事压力的方法有：
   a. 允许他向你发泄他的情绪　　　　　b. 表明你对他的感觉非常的理解
   c. 告诉他要努力工作　　　　　　　　d. 开一个关于老板的粗鲁玩笑

7. 你的儿子生病了，可能无法参加他好朋友的生日聚会，他对此感到非常失望。以下各项中可有效缓解其失望感的方法有：
   a. 告诉他生活通常是不平等的
   b. 告诉他这是一件非常小的事，用不着担心
   c. 告诉他发生这样的事，你感到很遗憾
   d. 告诉他聚会也许根本没有那么有趣

8. 你的配偶将要做一个非常重要的工作报告，对此他或她感到非常的紧张。以下各项中可有效缓解其紧张程度的方法有：
   a. 告诉你的配偶无须担心
   b. 让你的配偶在你面前练习演讲
   c. 带你的配偶去看一场电影来分散其注意力
   d. 帮你的配偶进行按摩

9. 你的老板是一个非常吵闹的人，他总是以一种愤怒的口吻与员工交谈。以下各项中可有效应对你老板的方法有：
   a. 尽量平静地回答问题　　　　　　　b. 任何时候都避开你的老板
   c. 不失时机地运用幽默　　　　　　　d. 同样以愤怒的口吻来回应你的老板

10. 你的一个同事通常总是愤世嫉俗，并持一种否定消极的情绪，几乎对所有事情都感到不满。当他表现出此种状态的时候，以下各项中可有效应对他的方法有：
   a. 通过幽默为提高情绪　　　　　　　b. 没有反应
   c. 赞成他这样做　　　　　　　　　　d. 告诉这个同事他是错误的

参考答案：
   1.a、c、d　2.a、c　3.a、c　4.c、d　5.a、b
   6.a、b　　　　　7.c　　　　　8.b、d　9.a、c　10.a、b

第 5 节　情感运用能力测试

◆ 有效地运用情感

现在让我们来谈谈关于情商的最后一项要素：在生活中运用情感的能力，使情感具有更大的影响。在某种程度上说，这项要素与前述的情感调节能力相类似。与调节情感一样，运用情感是一种比识别和理解情感状态更为积极的情商形式。另外，情感运用可以看作是由情感调节中自然发展的产物——事实上，调节也是一种运用。只是有时这两种要素之间的区别非常模糊。当然，在日常生活中，这4种技能最终是相互交织在一起的：要想了解在特定环境中情感将如何起作用，那么我们就必须要识别情感；要想有效地运用情感，那么我们就必须要知道情感是如何起作用的；要想成功地运用情感，那么我们就必须对情感进行适当的调节。

我们说他或她能成功地运用情感，那么这句话的确切意思是什么呢？我们首先把情感看成一种自然资源。为达到某些特定目标，这种资源可能非常有帮助；对于其他一些目标，这种资源可能就会毫无作用。成功运用情感的含义在于——在恰当的时候——利用这种资源的强大力量来达到某一目的。以下就是运用情感来发挥作用的几个方面。

一、运用情感来增进你的表现

运用情感的第一个方面就是通过一些方式、方法来增进你的行为表现。例如，情感可用于坚定你追求某一目标的信念。比如，试想一个体标超重的年轻人，他正在节食。正如我们前面所提到的，节食是一件非常困难的事，尤其是当允许的食物渐渐失去吸引力，其他的诱惑变得越来越大的时候，这种情况常常发生。那么该怎么办呢？

在这个例子中，那个年轻人可以运用一些强大的情感力量来帮助他坚持其节食计划。例如，他可以将一些他非常肥胖时，且毫无魅力可言的照片挑选出来，然后把这些照片贴在冰箱上、食橱上、餐柜门上及其他一些地方。这样当你意志不坚定，想吃东西的时候，你就会看到这些照片。这些不雅观的照片将帮助你重拾当初你打算节食时的情感状态。因此，在这个例子中，运用情感的成功之处就是利用了羞耻、困窘和社交忧虑等巨大的情感影响力。

　　设想一个年轻妇女，她渴望成为一名作家。但写作是一项孤独的工作，它需要相当长时间的工作，期间毫无社会交往，得不到任何鼓励或者是实际的反馈，在这样一种环境下，没能坚持下来并最终放弃写作的情况屡见不鲜。（我曾经参加过的一个研讨会上，会上心理学家罗伯特·阿卡尔特提出他所谓的"阿卡尔特第一定律：如果要求在写作和其他一种行为中作出选择，那么人们通常会选择写作以外的一种行为"。）在我们假设的这个年轻妇女事例中，她如何才能保持她的写作动力呢？

　　将她从杂志编辑和图书出版商那里收到的拒绝信贴在墙上也许是一个解决的办法。每次她看到这些信，就会感到非常的愤怒，以此来促使她坚定决心继续工作下去，并证明这些吹毛求疵的人是错误的。在这个例子中，她利用了愤怒和愤恨的力量来达成的她的目标。当然，如果在看到这些拒绝信后，并没有激起她的愤怒，而仅仅是令她感到沮丧的话，那么这就不是一个有效的方法。善于运用情感的人能够认识到这种情况并改变方法。（不善于运用情感的人可能会继续采用这种方法，最后慢慢地变得忍无可忍。）

　　当人们试图坚持一项非常困难的行为过程时，有时他们会采用一种非常有效的方式，即对某些事作出安排，但如果坚持不好，那么就会产生一个非常不好的结果。例如，一个人想戒烟，他会先给一个团体开出一张支票，但是你对这个团体的目标和观点都非常的憎恨——然后，他将这张支票交给一个值得信赖的朋友，并告诉这个朋友如果他再次吸烟，那么就把这张支票交给这个团体。在这个例子中，如果这个戒烟者将支票交出去，那么就会给他带来的极度苦恼和厌恶，他正是利用了这样一种情感来保持他戒烟的成果。

　　除运用情感来进行长期坚持外，我们也可以运用情感来增进我们在直觉环境中的表现。这种方法可在演员、作曲家、小说家和其他艺术家中完全体现出来。为了扮演一个处于复杂情感斗争之中的人物，演员们必须寻找他们所能够吸取的生活经验，这样才能更加生动地刻画出这种情感斗争。要想创作出震撼人心的伤感歌曲，作曲家们必须挖掘他们自身的悲伤情感。小说家们需要运用想象将他们自身的情感经历融入那些引人入胜的叙述之中。在一些较为普通的领域中，虽然我们每天都处在一个相同的活动范围之内，但我们仍然设法运用我们的情感和情感经验来帮助我们达成目标。

　　例如：设想一个经理将向其上级管理人员做一个重要的报告。经过了精心的准备并进行了练习；要分发的印刷品和补充材料也已准备完毕；所有的准备工作都已就绪。除了报告人以外，没有任何理由说明这次报告会不成功……但由于某些原因，那天他处于一种非常厌烦、消沉的情绪当中，缺乏活力和热情。在这种状态下，他会寻求利用情感的方法来为这次报告做好准备。他会发现进行一次鼓励性讲话可能会有帮助。他会充分利用那些激励听众争取优秀，争当明星的鼓动性磁带。另一种普遍而又有效的方法是运用音乐来获得一个想要的情感状态。在这个例子中，无论他听什么样的内容，喧杂的、激动人心的或令人气愤的，都可以获得成功——无论采用的是哪一种都能帮助他在报告过程中获得活力和热情。

二、运用情感使你更加幸福

这是一种特殊的用途，在这里，情感从本质上讲并不是用于增进你的表现，而是用于使肯定情感发挥更加积极的作用。一些心理学家已经对此进行了探讨，认为肯定情感的一个积极作用在于它至少可以暂时地扩大有利于你的思想和行为，即肯定的情感倾向于使你更富于实践性，探索性和创造性、使你更加积极地去尝试一些新的事物。相反，否定的情感通常则倾向于产生相反的作用；这些否定的情感会使你目光狭隘，减少你与外界的交流。例如，当你感到害怕或生气的时候，你会变得缺乏探索精神、实践精神和创造精神；在情绪上，取而代之的是退缩，并强调存在的问题而止步不前。

按照这个观点，接受新事物具有长远的影响。它能使你广泛地结交新的朋友，去新的地方学习新的东西，以此来帮助你建立你的个人资源。你越是广泛地接受新事物，那么支持你的社会关系网就会越大，你就越能够应对生活之中的压力和不安。

排斥新事物也具有长远的影响。它会阻止你这种社会资源的扩大，最终使你无法克服生活所带来的压力和紧张状况。妥善地运用情感应当是指一种能力，即创造或维持肯定的情感状态的能力，以此尽最大可能来扩大你的个人资源。尤其是，这个领域的能力具有以下作用：

（1）当积极的情绪出现的时候，这种能力将帮助你延长这些积极的情感状态。

（2）有些压力通常会破坏肯定的情感，而仅仅产生否定的情感状态。这种善用情感的能力即使在你面对这些压力的时，它仍将帮助你形成积极的情感状态。

那你如何才能做到呢？一个非常普通但又非常有效的方法就是使用幽默。研究表明，在实践中，情感弹性较大的人（即那些能从重大事件中迅速恢复的人）更善于运用幽默。而这种幽默的运用可看成一种机械式的反应。与其他应对压力

的方法相比,这种方法有以下几个优点:

当你感到压力的时候,笑声立刻会对这种压力起到缓解作用,这是一个非常直接的帮助。

对于一些棘手的问题,要看到它们幽默的一面,提醒自己许多问题都没有你想象中的那么大或严重,你可以应付。这样可以帮助你保持一个健康的心态。("掉头发也可以是一件好事,这样我就可以把买梳子的钱省下来了"。)

有效地运用幽默,不仅会令当事人受益,而且也会给他人带来快乐。除此之外,运用幽默也能提高当事人的声望。(当然,这种情况仅限于那些给人以深刻印象的幽默——频繁使用下流的笑话显然是无法提高声望的!)

在面对压力的情况下,另一个能帮助你保持肯定情感的方法是运用有效的情感调节方法。情感调节方法,不仅在控制情感过程中非常有效,在这里也同样有效。特别是重新评价的方法和制订计划的方法对于建立和保持肯定情感都是非常有帮助的。例如,有些评价方法有助于最小化否定结果的影响,有些评价方法则强调他们暂时的特性,但这些方法都是为了提高当事人的情感弹性。("将考试中的失败归咎于运气不好,认为下次我会做好。")

三、运用情感来影响他人

情感也可能被用来影响他人。有些情况下,劝说他人采用我们的意见或观点会对我们有利。这种情况在生活中随处可见。我们说服他们和我们一起生活,和我们生育子女,为我们改换工作,说服他们和我们一起选择城市或国家并一起移居过去。我们说服顾客购买我们的产品,说服员工们努力工作,说服老板给我们增加薪水。从某种程度上说,在我们这样的社会族群中,劝导他人按照我们的想法行事被认为是最根本的目标,而且普遍认为,高度发达的情商必须具备这样的目标。这种情况已经成为一项事实,为达此目的,运用情感的方法也有许多。在此,我们将主要介绍以下4种:

1. 胁迫

胁迫依赖于使他人感到恐惧的能力;预期的结果通常被看成一种强大的象征,其目的是赢得他人的顺从。在一个恰当的场合,胁迫可能是一种非常有效的方法,但同时也有代价。

一个明显的代价就是当胁迫被频繁使用后,你的声望会有相当大的下降。另外一个潜在的问题就是威吓者所制造的威胁必须是可靠的;否则,这样的威胁就会被看成是徒劳的,威吓者也会被认为是可笑的。有一次,我三岁的侄女想让奶奶带她去玩，于是抬起头盯着她的奶奶，一脸严肃地说："如果你不带我去玩，那么你就永远不会再看见我了。"正如你所想象的，这种威胁是不可能对她的奶奶造成巨大恐惧。如果这种毫无作用的威胁是出自于成年人而不是小孩，那么通常会认为这是非常愚笨的，而且一点都不可爱。

2. 恳求

另外一个重要的方法是恳求——被认为是通过引起他人的同情和怜悯，以此来达到获得他人帮助的目的。例如，一个工人因为缺乏经验，自己无法完成工作，所以要求其他人给予帮助；或当一个妻子要求她的丈夫帮她修理汽车时，这个妻子会假装称她对怎样修理汽车一无所知。和胁迫一样，在一个恰当的场合，恳求会是一种非常有用的方法，但它也有不足和缺点。一个最大的问题就是如果恳求这种方法用得太多，那么就会在他人心目中形成一种令人讨厌的印象——会被认为是一个不能胜任本职的不合格的人，或者会被认为是一个不愿干活，只会不断抱怨的人。

3. 奉承

当你运用这种方法时，你会为了使他人喜欢你而对他们进行赞扬；在此，你试图建立的情感是感激和温情。在考试前夕，学生赞扬他的老师（"天啊，琼斯小姐，今天你穿的羽毛围巾是多么的漂亮啊！"），或者雇员每天都赞扬他的老板（"我的天啊，威廉先生，今天你穿的羽毛围巾是多么的漂亮啊！"），这都是在运用这种奉承的方法。

事实上，早在人们形成用于奉承的词以来，奉承就已经出现了，它的好处也是鲜为人知的。不幸的是，它也有缺点。过于频繁、过于热情，或者过分的奉承可能不会取得想要的作用，相反，可能会使其对奉承者感到厌烦，只是没有明说罢了。另一方面，高情商的人能够以恰当的方式来运用奉承——有节制地而且是似乎可信地——以此来获得奉承所带来的好处，防止它的负面影响。

4. 内疚

第四种方法是引发他人的内疚情感，目的在于使他人产生一种责任感，以此来促使他们做一些你想让他们做的事。一个母亲告诉她那些已经长大成人的孩子们，如果他们不能回家过圣诞也没关系（停顿），这不是什么大不了的事情（叹气），明年她应该还活着（咳嗽）——这就是作为家长在运用内疚这种方法。

运用这种方法的主要缺点是如果重复使用，则可能会使他人对使用这种方法的人产生不满，这样就会降低这种方法的作用。这种方法不像其他方法，内疚仅仅在一个较小的范围中起作用——例如，对于家庭成员以外的其他人，要想使他们因没有和你一起过节而感到内疚则是非常困难的。

通过这些讨论，也许你会感觉运用情感来影响他人似乎有一些阴险，有一些令人讨厌——威胁、奉承、乞求和内疚看起来都不是那么高尚。考虑到在有些事例中，这些方法运用得很不成熟，甚至是赤裸裸的。在有些事例中，这些方法运用得适度，有些事例中则运用得很不恰当，所以认为这些方法不高尚也的确是有可能的，但运用这些方法本身并没有什么错。让别人知道你将会怎样生气，或者告诉他们这个问题对你是何等的重要等等都可以被看成是一种威胁。如果对他们说了一个完完全全的谎，那么这一定是在奉承别人。但是如果这仅仅是你对他人出自内心的称赞，也就没那么严重了，即使这些称赞会使他人更加喜欢你，也没那么严重。

四、运用情感来更好地处理冲突

当人与人之间发生冲突的时候，就产生了运用情感的另后一个领域。有不同见解当然是不可避免的，问题是对方所采用的方式是否在你的控制之下。

影响冲突进程的最重要方法是在刚开始的时候——当你被他激怒的时候，要对冲突有一个恰当的反应。在此阶段，消极的反应倾向于激化冲突，而积极的反应则倾向缓和冲突。面对挑衅，不表示你的情感反应则是一个潜在的消极反应方式。你对他人隐瞒这些情感，将这些情感放在心里。尽管隐藏你的部分情感反应会有一些好处，但隐瞒情感可能会对良好的关系产生影响。隐藏情感同样也会对工作的表现、身体的健康状况和心理的健康状况产生消极的影响。

你会有许多理由说你为什么会隐瞒你的情感——会认为无法完全地表达这些情感，会害怕把情况弄得更糟，或害怕失去他人的赞同或认同。然而，当这些隐瞒的情感开始对关系和工作表现产生影响时，你就必须向他人表达这些情感。告诉他人你的感觉是怎样的，为什么你会有这样的感觉，这会对他们有所帮助；这样会告诉他们这个问题对你非常重要，这个问题不应该被忽视或小看。这样做也同样表明你非常重视与他们的关系。在这里，目的是为了恰当地表达你的情感，并且是以一种不带任何责备的方式。

第二种消极方式是在你表达情感时，通过一种激化冲突的方式来应对挑衅。很明显，通过提高嗓门来表达你的愤怒，或者连续敲打桌子可能会使你感觉好一些，但这样会使他人产生被攻击的感觉——并由此引发相同的反应。讽刺和嘲笑（即使看上去就是如此）也会倾向于将争执"人为化"，并使对方表现得比以前更为敌对。这种粗心地表达消极情感的方式通常会导致一个恶性循环，敌意和憎恨会不断加深。

如何来解决这个问题呢？正如你所猜到的，答案存在于找出应对挑衅的反应方式，这些方式应当能够制约这些消极情感的表达，而且邀请他方参加，一起努力解决存在的问题。所以，在高情商对冲突的反应中，有一种方式就是不对挑衅做出任何立即的反应。这种方式非常有效，可防止你以草率的、欠考虑的方式来对挑衅作出反应。在冲突中，延缓你的反应，让事情平静下来是控制情感的第一步，也是非常重要的一步。

下一步就是取得对方的合作，之前讨论的方法也是非常有用的。例如，进行换位思考就是一种理解他人立场的有效方法。另一个好方法是向他方提出建议，共同合作来寻求解决的办法。询问他方一些问题，以了解他们的重大利益，与他们一起讨论来解决问题，这些都是非常有用的方法。这些方法可以排斥引发冲突的消极情感，以此营造一个冲突双方并肩工作而不是对抗的良好氛围。

测试十一：运用自身情感的能力（自陈测试）

a. 这丝毫没有真实地表达我（1分）
b. 这很少真实地表达我（2分）
c. 这有时真实地表达我（3分）
d. 这经常真实地表达我（4分）
e. 这总是真实地表达我（5分）

☐ 1. 如果必要，我可以激发我的热情
☐ 2. 当我为着一个长期目标而努力的时候，我会渐渐失去动力。
☐ 3. 即使事态发展不顺利，我也能使自己保持良好的心态。
☐ 4. 情感对我的控制胜于我对情感的控制。
☐ 5. 当我失败的时候，我会利用积极的情感来激励我更加努力。
☐ 6. 对我来说，置身于一种特殊的情感之中是非常困难的。
☐ 7. 如果我表现得非常高兴和愉快，那么这就是我的真实感受。
☐ 8. 当我的心情非常糟糕的时候，要让我快乐起来是非常困难的。
☐ 9. 如果形势需要，那么我就能使自己处于一种积极、乐观的情感状态之中。
☐ 10. 我很难长时间保持一个好的情感状态。

计分方法：

请将第1、3、5、7、9题的回答得分相加，再减去第2、4、6、8、10题的回答得分，得出你的成绩。最后的成绩应当在-20和+20之间。

优秀＝11及以上
良好＝3至10
一般＝-4至2
有待于提高＝-5及以下

测试十二：运用他人情感的能力（多评估者测试）

a. 这丝毫没有真实地表达他或她（1 分）
b. 这很少真实地表达他或她（2 分）
c. 这有时真实地表达他或她（3 分）
d. 这经常真实地表达他或她（4 分）
e. 这总是真实地表达他或她（5 分）

☐ 1. 他或她非常善于运用恭维的话来使他人感到快乐。
☐ 2. 他或她成功地运用内疚感来影响他人。
☐ 3. 他或她不善于运用他人的情感来达成他们自己的目标。
☐ 4. 他或她不善于改变他人的情绪。
☐ 5. 如果有必要，他或她会利用一点畏惧感来完成任务。
☐ 6. 他或她会利用他人的情感反应。
☐ 7. 他或她能使他人喜欢他们。
☐ 8. 他或她不善于诱导他人的情感状态。
☐ 9. 他或她不会利用他人的好心情。
☐ 10. 他或她不善于利用他人来做一些他或她想要别人做的事。

计分方法：

请将第1、2、5、6、7题的回答得分相加，再减去第3、4、8、9、10题的回答得分，得出你的成绩。最后的成绩应在 −20 和 +20 之间。

优秀 = 10 及以上
良好 = 5 至 9
一般 = −4 至 4
有待于提高 = −5 及以下

情商是开启心智的钥匙,
是影响个人命运最强大的力量。